基于工匠精神传承与创新的“智造工匠”人才培养研究

张鹏飞　著

中国纺织出版社有限公司

内 容 提 要

本书属于“智造工匠”人才培养方面的著作，由工匠精神的认识与内涵解读、“智造工匠”的需求与培养分析、“智造工匠”人才培养模式的改革、“智造工匠”人才培养机制的创新、“智造工匠”人才培养课程体系的完善、“智造工匠”人才培养师资队伍的建设、“智造工匠”的“五位一体”人才培养体系的构建等部分组成。全书以工匠精神的相关理论为切入点，深入探讨了工匠精神融入智能制造人才培养的耦合性，详细论述了“智造工匠”人才培养的相关问题，对从事智能制造相关教育教学方面的研究者及相关从业人员具有一定的学习和参考价值。

图书在版编目（CIP）数据

基于工匠精神传承与创新的“智造工匠”人才培养研究 / 张鹏飞著 . -- 北京 : 中国纺织出版社有限公司，2023.7

ISBN 978-7-5229-0848-9

Ⅰ . ①基… Ⅱ . ①张… Ⅲ . ①智能制造系统－人才培养－研究 Ⅳ . ① TH166

中国国家版本馆 CIP 数据核字（2023）第 151244 号

责任编辑：闫　星　　责任校对：高　涵　　责任印制：储志伟

中国纺织出版社有限公司出版发行
地址：北京市朝阳区百子湾东里 A407 号楼　邮政编码：100124
销售电话：010—67004422　传真：010—87155801
http://www.c-textilep.com
中国纺织出版社天猫旗舰店
官方微博 http://weibo.com/2119887771
天津千鹤文化传播有限公司印刷　各地新华书店经销
2023 年 7 月第 1 版第 1 次印刷
开本：710 × 1000　1/16　印张：14.75
字数：200 千字　定价：99.90 元

前言

工匠精神是中华数千年文明沉淀延续下来的优秀民族文化。我国自古就有崇尚工匠精神的优良传统，工匠精神是中国共产党人红色基因的重要组成部分，是推动经济发展、引领时代新风尚的重要力量。随着我国经济迈入高质量发展阶段，产业结构的优化升级，制造业也由粗放型向高端智能制造转型升级，智能制造时代悄然到来。此时代背景对“智造工匠”人才培养提出了更高的要求。如何对工匠精神进行传承和创新，培养具有工匠精神的“智造工匠”人才是高校当前紧迫与必要的任务。深刻理解工匠精神的时代价值和现实意义，对工匠精神进行传承和创新并积极践行，才能培养出高素质的“智造工匠”人才，满足我国制造业转型升级和“中国制造 2025”战略计划的发展需求，谱写高质量发展的新篇章。

全书共分七章，第一章对工匠精神的认识与内涵进行了解读，就工匠精神概述、工匠精神的发展演变和传承、工匠精神的内涵与基本要素等方面进行了详细解读；第二章对“智造工匠”人才的需求与培养进行了分析；第三章对“智造工匠”人才培养模式的改革进行了论述，对“智造工匠”人才培养的理念转变、内容创新、模式优化等方面进行了详细讨论；第四章对“智造工匠”人才培养机制的创新进行了阐述，分别就“智造工匠”人才培养运行机制的创新、保障机制的创新、激励机制的创新、评估机制的创新等方面进行了阐释；第五章就“智造工匠”人才培养课程体系的完善进行了阐释分析，就“智造工匠”人才培养课程的设计、理论课程教学的实施、实践教学的开展等方面分别展开论述；第六章主要讨论“智造工匠”人才培养师资队伍的建设；第七章对“智造工匠”人才培养体系的构建，从大学生、社会、政府、学校、企业等方面展开探讨。全书集系统性、科学性、新颖性于一体，知识性趣味性强、语言描述准确、章节划分得体、结构体系完整，能为“智造工匠”人才培养提供合理建议和科学指导。

本书在撰写过程中参考了部分专家、学者的研究成果和著作，在此表示衷心的感谢。由于时间仓促，笔者水平有限，难免存在不足和缺陷，恳切希望广大读者、专家批评指正。

张鹏飞

2023 年 4 月

目录

第一章　工匠精神的认识与内涵解读

第一节　工匠精神概述

一、“工匠”精神溯源

东汉学者许慎在《说文解字》中对“工”和“匠”分别作出了解释。“工”的注解为：“工，巧饰也。”[1]“匠”的注解为：“匠，木工也。”[2]《辞海》对“工匠”的解释为：“手工艺人。”从以上解释中我们可以看出，“工”“匠”“工匠”都是指具有专门技能的手工业者，意思相近。

有关“工匠”一词的最早记载出现在《庄子》里：“夫残朴以为器，工匠之罪也。”后来《韩非子》《荀子》等古代文献中都有对“工匠”的专门表述和记载。《考工记》详细介绍了春秋战国时期木工、金工、皮革、陶瓷等几大类别30多个工种，对百工的职责作出了明确的界定：“审曲面势，以饬五材，以辨民器，谓之百工。”意思是说，工匠的职责是需要充分了解自然物材的形状和性能，对原材料进行辨别、挑选，加工成各种器具供人所用。工匠成为当时一个重要的专业阶层。

从“技”的发展到“艺”的专注，再到“道”的追求，中国古代工

[1] 许慎．全彩图解说文解字[M]．南昌：江西美术出版社，2019：111.
[2] 许慎．全彩图解说文解字[M]．南昌：江西美术出版社，2019：314.

匠精神的发展离不开一代又一代工匠对工匠精神的传承、弘扬和践行。传统文化是工匠精神的灵魂与根源，工匠精神深深根植于中华优秀传统文化之中，工匠精神的传承发展离不开传统文化的滋养。

二、工匠精神的主要特点

工匠精神是社会文明进步的重要标志。随着时代的发展，工匠精神更代表一种信念和情怀，它是劳动人民智慧的结晶和宝贵的精神财富。工匠精神体现的是一种职业操守，是把一件事情、一门手艺做到极致的信仰和追求，是不断沉淀与融合、创造进取的过程。从工匠精神的发展历程来看，其具有时代性、传承性、发展性的特点，具体如下（图 1–1）。

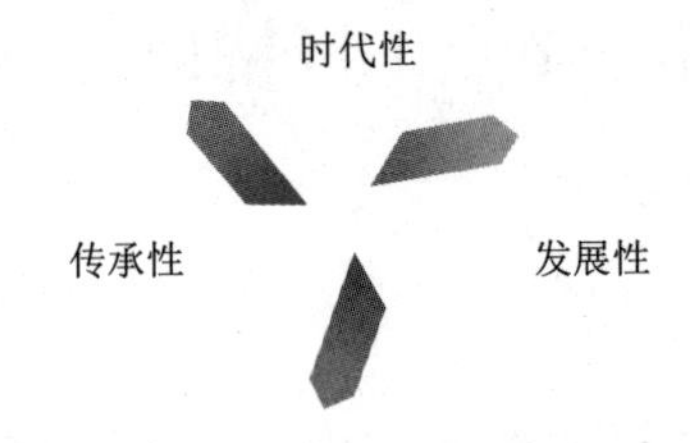

图 1–1　工匠精神发展特点

（一）时代性

工匠精神具有鲜明的时代特征，其在不同的历史年代具有不同的特点。在奴隶社会和封建社会时期，工匠的社会地位十分低下，他们辛苦制作的手工艺品往往是为了满足上层阶级的需要，自己只能得到微薄的收入。这时的工匠精神更多体现的是一种经验性的技术。随着封建社会的解体，工匠的地位得到了很大的提升，现代工匠精神体现更多的是一种科技性的技术。工匠精神随着工匠身份的转变也在不断发生变化，表现出明显的时代特征。工匠精神产生于一定的历史环境之下，深刻反映了特定历史背景下的工匠内在精神。随着工匠社会身份及技术结构上的改变，对工匠所具备的精神与素质方面的要求发生了变化，工匠精神需要随着时代背景的变化和社会发展的需要进行重塑，呈现新的时代特点。

（二）传承性

工匠精神具有传承性的特点，其产生历史可以追溯到几千年以前，经过几千年的传承和发展，具有丰厚的历史和文化底蕴。中国传统工匠在社会发展和经济发展中发挥了重要作用，通过他们自己的潜心制作，生产了大量瓷器、玉器、木器等精美绝伦的器具。随着历史发展，这些技艺被一代代延续下去，一起传承下去的不单单是这些巧夺天工的技艺，更重要的是技艺背后所折射的工匠精神。工匠精神是技艺与器物的高度统一，是工匠精益求精、不断创新的内在要求与极致体现。工匠在认识和改造客观世界的过程中不断反思、不断进步，成为推动工匠精神不断发展变化的动力。工匠精神的这种传承性特点深刻体现了人类改造客观世界的主观能动性，表明了人类通过实践活动，不断寻求进步与自我价值的实现，不断推动人类社会向前发展。

（三）发展性

工匠精神在几千年的发展历程中，随着客观实践的发展而发展，呈现不断变化的发展性特点。工匠精神体现的是工匠在器物制作过程中的劳作状态和价值追求，是工匠在劳动过程中与客观世界相互发生作用的体现。随着社会的发展，工匠改造客观实践的实践条件（如原材料、工具、劳动环境）等不断发展变化，先进生产力逐渐取代落后生产力，先进工艺逐渐淘汰落后工艺，新材料替代旧材料。客观世界的实践条件逐渐提高，意味着工匠本身的技艺操作也要符合实践条件变化后的要求，这就需要工匠在实践中与时俱进，潜心钻研新技术，分析研究新材料的特性，充分利用先进的生产工具，这种潜心提高、反复琢磨、精益求精的过程，是工匠自身技能水平提高必须经历的阶段。当一个工匠经历过这个阶段后，工匠自身的技能水平会有极大提高，工匠在高于过去层次的水平上，实现了自我超越，这个过程也是工匠精神逐渐丰富的过程。工匠精神具有丰富的内涵，它是工匠在劳动过程中所表现出来的一种职业状态和价值取向。工匠精神要经过客观实践的检验，只有符合时代发展特点的工匠精神才会被保留下来并传承延续下去。那些无法满足客观需要，违背所在时代社会发展规律的，不符合时代发展潮流的所谓的“工匠精神”会被逐渐摒弃并最终消失。那些经过客观实践检验，并能不断发展前进、自我完善的，能够经得起实践检验的才是真正的工匠精神，这也是工匠精神体现进步性的实践要求。

三、工匠精神的现实意义与当代价值

随着国际产业大变革的发展趋势，我国经济结构也迎来了重要的转型期，工匠精神已经上升到国家战略高度，在全社会引起了强烈反响和广泛关注，承载着更重要的历史使命和责任。大力提倡和践行工匠精神具有极为重要的现实意义与当代价值，主要体现在以下方面（图 1–2）。

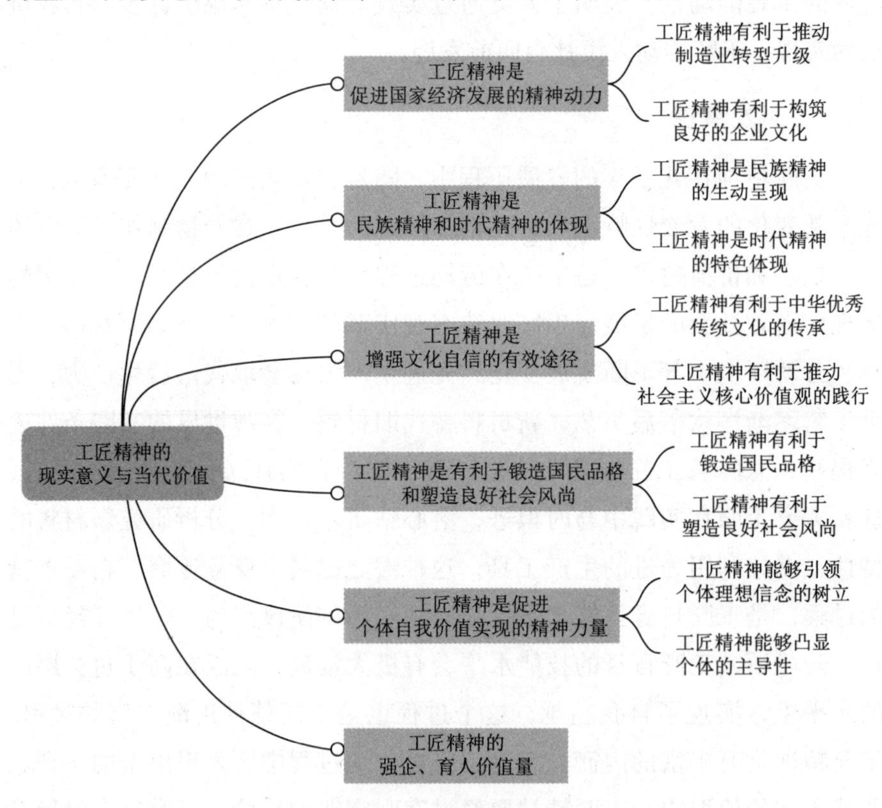

图 1–2　工匠精神的现实意义与当代价值

（一）工匠精神是促进国家经济发展的精神动力

工匠精神是促进国家经济发展的无形精神动力，在推动制造业转型升级、凝聚企业文化力量等方面具有重要的意义。

1. 工匠精神有利于推动制造业转型升级

改革开放四十多年来，我国的国民经济实现了飞速发展。尤其作为国民经济支柱产业的制造业持续快速发展，形成了门类齐全、完整独立的产业体系。凭借全面发展的工业门类和庞大的制造业总量，中国的制造业成为名副其实的“世界工厂”，中国成为全球第一大工业制造国。但是，我国制造业在自主研发能力、信息化程度、产业结构水平等方面都存在一定的不足之处，与世界先进水平相比存在一定的差距。为实现我国从制造大国向制造强国的跨越，制造业转型升级势在必行。而工匠精神恰恰是推动我国制造大国向制造强国转型，实现“中国制造”向“中国智造”跨越的精神动力。首先，工匠精神能够提升产品质量，打造中国品牌。工匠精神精益求精的态度，使劳动者在生产过程中能够专注于产品的细节，严格把控产品质量，推动产品向精细化发展，不断生产出高品质的产品，满足消费者日益增长的需求。其次，工匠精神有利于品牌化发展。老字号品牌之所以能经得起时光的考验，与它们对工匠精神的孜孜追求有着必然联系。随着人们生活水平的提高，低廉的产品已经不能适应时代发展的需求。制造业需要充分利用资源及先进技术手段，树立品牌意识，重拾工匠情怀、重塑工匠精神。弘扬工匠精神能够推动制造业的质量提升和技术提升，实现从量到质、从速度到效益的转换，为制造业的转型升级提供源源不断的精神动力。

2. 工匠精神有利于构筑良好的企业文化

工匠精神是企业文化的一种体现。把工匠精神深植企业文化建设中，能够有效地促进员工工匠意识的培育，树立质量意识和不懈追求的理念。首先，把工匠精神内化到管理制度上。按照工匠精神的核心理念进行管理，在操作流程和管控制度上按照工匠精神来严格把控，把企业的重心和主要精力聚焦在产品质量和研发创新上。同时，企业应该建立赏罚分明的奖惩制度，强化对践行工匠精神、应用型工匠人才的激励制度，树立正确的职业观和企业核心价值观，形成以工匠精神为核心理念和行为准则的企业文化氛围，通过各种方式加大对工匠精神的传承和弘扬。其次，形成以工匠精神为引领的员工行为准则。企业深化工匠精神培育的文化土壤，规范职工的行为准则，以工匠精神为引领。员工在工作中要严格执行一丝不苟、精益求精的工匠精神，用心体悟工匠精神的要义和内涵，不断学习新的知识和技能，对职业怀揣敬畏之心。华为正是因为重视企业文化、每个华为人努力践行工匠精神，才能拥有数千的国际专利，从一个年产几百万的小企业发展成闻名世界的品牌。

（二）工匠精神是民族精神和时代精神的体现

“人无精神则不立，国无精神则不强。”[1]精神是一种理念，是一个民族赖以生存的灵魂，唯有精神达到一定的高度，一个民族才能在历史的洪流中奋勇向前，砥砺而行。中华民族在长期的社会实践中形成了以爱国主义为核心的民族精神和以改革创新为核心的时代精神。工匠精神是中华民族优秀文化的重要内容，是民族精神的当代呈现，社会主义新发展阶段，工匠精神被赋予新的时代精神和内涵，有利于中国力量的凝聚，是推动社会发展的强大动力。

1. 工匠精神是民族精神的生动呈现

工匠精神是中华数千年文明形成和发展过程中淬炼的一种民族精神，是古代各行各业手工艺人不断传承和创新的实践中培育出来的一种专注向上的精神。工匠精神是中华民族自强不息的人生观、价值观在物质层面和精神层面的双重体现。工匠精神是中华民族优秀文化的宝贵财富，在我国历史上出现过鲁班、李春、沈括等世界级工匠大师，也曾出现过解牛的庖丁、削木为鐻的梓庆、操舟若神的津人等行业翘楚。他们所展

[1] 陈垲仑，杨永建. 论艰苦奋斗精神的历史传承及当代价值 [J]. 云南农业大学学报（社会科学），2021,15(5)：154−159.

现出的物我两忘、执着技艺的精神追求与境界风骨，正是民族精神的凝聚和呈现。工匠在古代更被视作凭借“手艺”吃饭的手艺人，手艺对他们来说不仅是谋生的工具，更是一种情怀和坚守，他们身上彰显了勤劳勇敢、自强不息的民族精神。匠人们依靠灵动的双手，不断花费时间和精力去琢磨改进，使手上的每一根神经都形成“匠作记忆”，才能练出所谓的“手感”，最终成就一代匠人。

2. 工匠精神是时代精神的特色体现

时代精神是在新的历史背景下形成的思想观念、社会风尚和价值取向的反映。改革创新，勇于破除旧的思想观念和体制，是时代精神的核心。工匠精神的内涵和意蕴在历史的进程中也在不断发展和完善，特别是进入新时代，工匠精神呈现了全新的面貌和形态，诠释了改革创新的时代精神和时代特色。工匠精神不仅体现中国工匠对“技”的登峰造极的追求，更反映了他们通过对技艺的不断求索，进而形成一丝不苟的严谨态度和精益求精的职业操守，实现“道”的精神境界提升，在“道技合一”中实现创新的追求和圆满。“技”是工匠赖以生存的最基本的行业手艺和技能。“艺”是工匠在掌握一定的技能后，发挥主观能动性和创造力，将技能进一步提高到艺术的水平。“道”则是在经过“技”“艺”的磨炼和体悟后，形成的以简驭繁、游刃有余的境界。

（三）工匠精神是增强文化自信的有效途径

文化自信是一个国家、一个民族、一个政党对自身文化所产生的持久而强烈的认同和信念，并对自身文化的未来发展的生命力所持有的坚定信念和信仰[1]。工匠精神是中华优秀传统文化的重要组成部分，工匠精神的弘扬与重塑能够推动中华优秀传统文化的传承与创新；工匠精神有利于推进社会主义核心价值观的践行；工匠精神能够塑造中国风尚、促进文化创新，是增强文化自信的有效途径。

[1] 郑士鹏．新时代青年文化自信培育研究 [J]. 江汉大学学报（社会科学版）,2019,36(2)：93−102，127.

1. 工匠精神有利于中华优秀传统文化的传承

中华优秀传统文化是文化自信之“根”。中华文明历经千年薪火相传，形成了自己独特的价值体系。中华优秀传统文化作为中华民族的文化基因已经深植于中华儿女的内心，在潜移默化中影响着我们的思想和行为方式。工匠精神是中华优秀传统文化的重要组成部分，是我们宝贵的精神财富，是劳动人民集体智慧的结晶，在数千年的历史演进中，工匠精神与中华优秀传统文化不断融合，已成为其重要的组成部分，彰显出巨大的精神能量。工匠们凝聚匠心所创造的美轮美奂的工艺品，承载着中华优秀传统文化的厚重魅力。工匠精神蕴含了精益求精、执着专注、迎难而上、超越自我等人文精神，是我们宝贵的精神财富。我国历史上曾经出现过无数的能工巧匠，他们身上凝聚的中国智慧、承载的中华优秀传统文化需要我们不断学习并传承下去。

2. 工匠精神有利于推动社会主义核心价值观的践行

社会主义核心价值观是文化自信之“魂”。社会主义核心价值观倡导富强、民主、文明、和谐；倡导自由、平等、公正、法治；倡导爱国、敬业、诚信、友善。社会主义核心价值观是社会主义核心价值体系的凝练和集中表达，是社会主义的精神取向与价值追求。工匠精神与社会主义核心价值观有着密切相关性。

（1）工匠精神与社会主义核心价值观爱岗敬业的职业道德相统一。工匠精神所蕴含的爱岗敬业也正是社会主义核心价值观的体现。爱岗敬业是公民必须遵守的道德规范，体现了公民的社会责任和社会担当，要发挥工匠精神兢兢业业、精益求精的核心精髓，培养新时代人才爱岗敬业、忠于职守的职业理念和职业道德。工匠精神源于人们对工作的热爱，只有真心热爱自己的工作，才能一心投入工作、勤勤恳恳、无私奉献；只有真心服务于自己的岗位，才能在工作中精益求精、追求完美，忠于自己的职业操守；只有深刻理解工匠精神的内核，才能对职业心生敬畏，勇于担当、无私奉献。工匠精神深刻蕴含着社会主义核心价值观，同时社会主义核心价值观为工匠精神的培育提供了指导方向。

（2）工匠精神与社会主义核心价值观诚信守义的精神追求相契合。工匠精神体现的不仅仅是产品的质量，更重要的是一份诚信和坚持，承载着的是大众对产品的一份认可和肯定。诚信是中华民族的优良传统，更是立人之本。从本质上来讲，诚信是一种职业精神和职业道德，是工匠精神的核心体现。同时，诚信也是社会主义核心价值观的道德基础，是社会文明进步的重要标志。诚信作为工匠精神的内核，它的传承和发扬契合了时代发展的需要，具有重要的时代价值和广泛的社会意义。积极推动以诚信为主要内容的工匠精神培育和道德建设，是社会主义核心价值观践行的有效途径。

（四）工匠精神有利于锻造国民品格和塑造良好社会风尚

工匠精神对个人和社会的发展都具有重要的影响，弘扬和培养工匠精神不仅有利于锻造国民品格，更是塑造良好社会风尚的重要因素。

1. 工匠精神有利于锻造国民品格

所谓国民性即国民性格，是指现代国家范围内共同居住的大多数成员在长期历史生活中所形成的普遍的、独特的和相对稳定的文化、社会心理、行为方式特征及其时代变动规律和特点的总和[1]。国民性格反映一个国家的精神文明程度，既是一个国家历史文化的积淀，也是一个国家发展程度与国民整体素质的综合体现。国民品格的塑造不是一朝一夕的事情，而是一项长期且艰巨的工程。只有从广大人民的根本利益和需求出发，才能获得社会的广泛肯定和认同，达到塑造国民性格的目的。工匠精神作为一种精神力量，符合人民的精神共识，契合国家和新时代发展的需要，对培育国民素质、提升国民道德水平具有十分重要的作用。工匠精神对国民个体的全面发展和自身能力的提高都有着重要的实践指导意义，同时对国民理想信念的树立起着价值引领的作用。工匠精神体

[1] 潘艳艳．从《乡土中国》中窥视中国人的国民性格——费孝通《乡土中国》再解读[J]. 出国与就业（就业教育），2012（5）：91-92.

现的是一种理想的追求和信念的坚守。工匠精神体现了人们对生活和工作的热爱，这种热爱能够转化成精神的动力，促使个体在技艺进步的同时，进一步端正生活态度，提升艺术修养和文化涵养，最终达到升华理想信念的精神境界。

2. 工匠精神有利于塑造良好社会风尚

工匠精神是一种劳动精神，体现了普通劳动者的价值，有利于纠正好逸恶劳、不尊重劳动者的不良社会风气，形成劳动光荣和敬业乐业的良好风尚。

任何一份职业都是光荣的，劳动没有高低贵贱之分。身为社会的一员，只要我们能够做好自己的本职工作，勤劳不懈、坚持奋斗，都能成为自己行业内的佼佼者，在平凡的岗位上做出不平凡的贡献，都值得赞美和讴歌。我们的社会是一个和谐的整体，虽然有工农差别、城乡差别、脑力劳动和体力劳动差别的存在，但也只是社会分工的不同。我们应该尊重劳动、尊重劳动者，以辛勤劳动、爱岗敬业为荣，以好逸恶劳、不思进取为耻。无论身处什么岗位，都应该以为人民服务的根本立足点，坚信"三百六十行，行行出状元"，弘扬工匠精神，营造劳动光荣的社会风尚，争做新时代的建设者和奋斗者。工匠精神有利于克服急功近利、投机取巧的浮躁风气，在社会上形成敬业乐业的良好风尚。工匠精神有利于提升人们对劳动价值和意义的认识，对工作的理解不只是养家糊口的浅表认识，而是倾注满腔的热忱和厚重的情感，深刻理解其背后沉甸甸的责任和担当。工匠精神能够激发劳动者的主观能动性，促使他们发挥自己的积极性和创造性，在创造物质财富的同时，带来心灵上的职业满足和享受。

（五）工匠精神是促进个体自我价值实现的精神力量

1. 工匠精神能够引领个体理想信念的树立

（1）工匠精神能够增强个体对职业的认同感，工作不仅仅是简单的工作，而是把工作当成自己的事业，树立起职业理想和职业信念。个体把理想和信念当作前进的动力，通过辛勤工作、不断进取，从而促进职业理想的实现。

（2）工匠精神所体现出来的爱岗敬业、精益求精等职业操守树立了个体行动的方向和标杆。个体在劳动实践过程中，在工匠精神的引导下更容易形成良好的职业态度和职业规范，在技艺提高的同时能够获得精神追求和思想境界的提高。

2. 工匠精神能够凸显个体的主导性

工匠精神激发个体对工作的热忱，引导个体通过认真劳动去实现自我价值。以工匠精神的态度来对待工作，个体更容易进入一种忘我的投入状态。个体通过自己的实践劳动来实现自我价值，不依赖外力，在此过程中更容易获得个人的满足感和职业自豪感，从而在实现自我价值的同时，为社会做出应有的贡献，实现个体自我价值与社会价值的统一。

（六）工匠精神的强企、育人价值

从一定意义上来讲，一个国家的竞争力取决于这个国家的企业竞争力，而企业竞争力在根本上源于它的产品、服务或技术竞争力。工匠精神的强企价值关键在于提升产品、服务或技术的竞争力。很多发达国家就是通过工匠精神实现强企从而强国的目标的。德国之所以成为发达国家，是因为工匠精神成就了他们很多的百年企业。德国从机械产品、化工产品、电器、光学产品，到厨房用具、体育用品，都是质量过硬的产品，动不动就“能用 100 年”，从而使“德国制造”成了高质量和良好信誉的代名词。发达国家瑞士的手表之所以誉满天下、畅销世界，靠的也是精益求精的工匠精神。瑞士制表商对每一个零件、每一道工序、每一块手表都精心打磨、专心雕琢，他们用心制造产品的态度就是工匠精神的体现。我国有很多家上百年的中华老字号企业，他们的成功秘诀也在于具有工匠精神。布鞋老字号内联升制作一双成鞋，不仅需要精心选材，还需要经过 90 多道工序，整个制鞋过程中用到的工具近 40 种。传统手工艺品老字号王星记，其黑纸扇的每道工序都由不同的人来完成，包括制骨、糊面、上页、折面、整形、砂磨等86道大工序，制作过程极其复杂、费时。中药老字号同仁堂，其立店箴言亦是注重手工制作的"炮制虽繁必不敢省人工，品味虽贵必不敢减物力"。尽管这些手工制作环节逐渐被机械化、自动化、智能化生产所取代，但是，其中的精益求精的工匠精神仍然需要中国的企业大力传承和弘扬，因为工匠精神是成就伟大企业的必要条件。

工匠精神的时代价值在根本上体现了人才强企从而强国的重大意义。习近平总书记在党的十九大报告中强调，建设知识型、技能型、创新型劳动者大军，弘扬劳模精神和工匠精神，营造劳动光荣的社会风尚和精益求精的敬业风气。体现劳动光荣的劳模精神为广大劳动者指明了努力的方向，让学先进、做先进成为社会的风尚。展现精益求精的工匠精神为广大劳动者确立了职业素质的标准，让精益求精成为敬业的风气。从这个意义来讲，工匠精神对于全面提升劳动者整体素质有着重大的育人价值。

2017年4月，中共中央、国务院印发《新时期产业工人队伍建设改革方案》(以下简称《改革方案》)。该方案提出，要把产业工人队伍建设作为实施科教兴国战略、人才强国战略、创新驱动发展战略的重要支撑和基础保障，纳入国家和地方经济社会发展规划，造就一支有理想守信念、懂技术会创新、敢担当讲奉献的宏大的产业工人队伍。《改革方案》提出，要构建产业工人技能形成体系，打造更多高技能人才，加大对产业工人创新创效扶持力度。要培育更多会创新的高技能人才，离不开对工匠精神的践行。可见，工匠精神具有重要的育人价值。

第二节　工匠精神的发展演变和传承

工匠精神在发展演变和传承过程中主要经历了四个阶段：产生阶段、兴起阶段、传承阶段、创新阶段，具体如图1-3所示。

图 1-3　工匠精神的发展演变和传承过程

一、工匠精神产生阶段

人类祖先从旧石器时代开始发明和使用工具，可以说是工匠精神最开始的模糊状态。从石器的打制到磨制，到陶器、青铜器等手工艺品的出现，无不存在工匠精神的影响和痕迹。人类社会发展到原始社会后期，经历三次大的社会分工后，第一次社会大分工使畜牧业从农业中分离出来；而第二次社会大分工则使手工业从农业中脱离出来，出现了专门从事手工艺生产的手艺人，最初的个体工匠也就产生了。工匠的产生推动了工匠精神思维意识形态的出现和萌芽。原始的工匠精神是工匠最本位、最纯朴的精神体现。河姆渡文化时期生产的石器、骨器和象牙等制品，不但磨制手艺精湛，工艺上也达到了一定水平。据相关史料记载，当时工匠们制作的骨笄，不但有玦、珠等装饰点缀，还刻画有鸟、兽等花纹，体现了技艺的娴熟和巧妙的艺术构思。有的象牙雕件，在对原材料进行加工的过程中，还要改变原材料的物理性能。并且在当时生产条件十分落后的情况下，在坚硬的材质上要雕刻出线条流畅、栩栩如生的图案，难度可想而知。“如切如磋，如琢如磨”[1] 反映的正是工匠在加工骨器、玉器时一丝不苟、执着专注的精神和态度。这一阶段的工匠精神注重朴素实用、精雕细刻的造物精神。

[1] 李志敏．四书五经：卷 3[M]．北京：民主与建设出版社，2015：359.

二、工匠精神兴起阶段

随着生产力的发展和工匠造物技术的进步，人们对社会物品提出了更高的要求，加速了社会分工，手工业逐渐从农耕经济中脱离出来，工匠逐渐发展成为一种专门的职业，工匠精神逐步兴起。"传统手工业是中国古代经济结构的重要组成部分，传统手工业的发展代表着中国生产力水平的提升，精致手工艺品的大量出现满足了人们的生活需求。手工业被称为复活了的历史化石，优秀的手工艺品更是我国工匠艺人在长期劳动的过程中创造出来的文明成果。"[1] 春秋战国时期，儒家思想成为社会的主流思想，"德"成为评价一个人的主要标准。这种道德精神得到社会的普遍认同并形成一种人们所追求的"理想人格"。工匠精神在工匠本位精神的基础上进一步升华和发展，内容更加丰富，具有了教化作用和觉悟精神。生产力的提高使手工业进一步发展繁荣，社会分工越来越细，工匠的种类、工种也不断细化，变得越来越多。受当时社会主流思想文化的影响，人们对工匠的要求也不断提高。评价工匠的标准不仅仅是技艺水平的高低，对工匠的道德水平也提出了一定的要求。所以匠人们在追求创作精美产品的同时，更加注重道德上对自己的严格要求，德艺双馨成为每一位匠人的追求。在日常生产劳动中，匠人更注意德行的培养和行为的规范，随着时间的推移在各行各业不断延伸开来，逐渐形成了一种职业操守和职业规范。据先秦典籍《左传·文公七年》记载："六府、三事，谓之九功。水、火、金、木、土、谷，谓之六府。正德、利用、厚生，谓之三事。义而行之，谓之德、礼。"[2] 从中可以看出德行成为考察工匠的首位标准，"正德、利用、厚生"是约束工匠行为的职业操守和职业规范。"艺为匠人之骨，德为匠人之魂"，对匠人来说高超的技艺固然重要，但德行比技艺更加重要，只有德才兼备才能通过技艺参悟天道，从而领略万物的规律，达到出神入化的精神境界。

[1] 张迪．中国的工匠精神及其历史演变 [J]. 思想教育研究，2016(10)：45-48.

[2] 李梦生．中国古代名著全本译注丛书：左传译注，上册 [M]. 上海：上海古籍出版社，2016：465.

三、工匠精神传承阶段

这一阶段不少行业都通过“师徒相传”的形式使手艺和技能得以延续和传承。在师父言传身教的过程中，不仅是技艺的传授，而且师父的品行、精神特质在潜移默化中也对徒弟造成了很深的影响。师徒制在古代手工艺的传承和发展中起着主要作用，师徒的情感在日久相处中更加亲密。师父身上值得徒弟学习的不仅是单纯的技能，更有对职业兢兢业业的坚持和持之以恒的严谨，以及德行上的高尚示范。“父生之，师教之”，徒弟对师父的态度决定着他最终能不能学有所成，徒弟只有学会尊重自己的职业，才能习得技艺，并且精于技艺。在师父传道授业解惑中，一批批徒弟圆满学成，技艺得以传承发扬，“尊师重道”的美德也自然而然地形成并延续下来。这一阶段的工匠精神具有了教学相长的价值意蕴，并且随着对手工艺文化的传承与革新，逐渐形成了尊重劳动、崇尚自然、注重传承的职业操守和职业精神。

四、工匠精神创新阶段

国务院印发《中国制造 2025》提出了我国建设制造强国的伟大战略，从我国经济发展实际出发，强调智能转型、绿色发展等关键理念，加快制造业转型升级，要实现从制造大国到制造强国的迈进，更需要重塑工匠精神，使其焕发新的生机和动力。

处于中华民族伟大复兴的新时代，我们以全新的思维角度对工匠进行解读，赋予它新的时代内涵和内在价值。我们在追溯工匠精神的过程中将工匠精神进一步传承发扬，结合中国实际国情和经济发展情况，重塑工匠精神。我们不但要传承工匠精神的精髓，将工匠精神内化于魂，外化于行，更重要的是深入挖掘工匠精神的内涵，塑造工匠精神的风骨，以工匠精神铸民族之魂，培育国民全新精神风貌。我们需要将工匠精神落到实处，注重工匠精神的重塑和升华，以工匠精神激励我们砥砺前行、不断开拓创新，助力中国梦的实现，促进中华民族的伟大复兴。这一阶段的工匠精神不仅是一种职业精神，更是人类集体智慧的结晶；是一种价值观，更是一种人文精神。

第三节　工匠精神的内涵与基本要素解读

工匠精神是一种崇高的职业操守和价值追求，是人类文明发展的重要内容。工匠精神不仅需要具备高超的技艺和精湛的技能，更需要有严谨细致的工作态度、高度负责的职业责任感。工匠精神具有丰富的内涵和基本要素，下面进行详细解读。

一、工匠精神的丰富内涵

工匠精神具有丰富的内涵，是体现职业精神的职业价值取向和行为表现。工匠精神的核心是对品质的追求，是对产品精雕细琢、精益求精的精神追求过程。工匠精神的丰富内涵包括以下几个方面（图 1–4）。

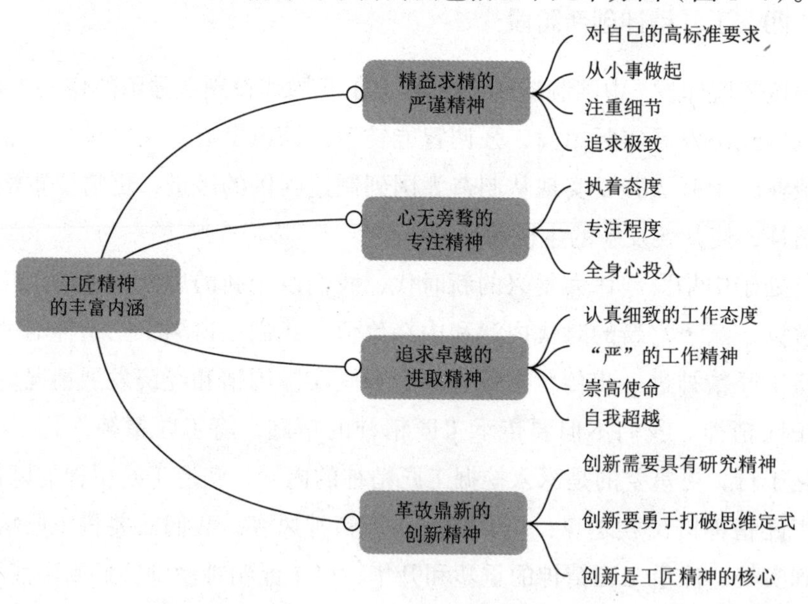

图 1–4　工匠精神的丰富内涵

（一）精益求精的严谨精神

精益求精的严谨精神首先要求我们技术上要精雕细琢追求细节，认真对待每一个细节，通过精湛的工艺使其达到完美的状态。其次要具备严谨的工作态度和高度负责的精神，不放过任何一个细节，于细微之处见精神。具体如下：

1. 对自己的高标准要求

精益求精成为工匠精神的另一种表述方式，反映了工匠成为更好的自己的最高追求。精益求精的字面意思是，已经做得很好了，还要追求更好。精了还要更精，好了还要更好。

（1）更高的追求。任何成功都不是轻而易举取得的，需要人不断地有更高追求。但是，一个人有更高追求的同时，要注意不能好高骛远。目标不能过高，也不能过低，最好是控制在“跳一跳能够得着”的状态。精益求精就反映了工匠不断有更高追求的工作状态。

（2）更高的标准。如果说更高的追求主要是指个人的主观愿望和理想，那么更高的标准主要是指各种客观标准和工作指标。更高的标准代表了更高的竞争力。只有达到甚至超过了高标准，才意味着一个人的实力足够强。工匠精神就是追求更高标准的精神。

（3）更好的自己。工匠精神的本质就是不断追求做更好的自己的工作信念和价值追求。精益求精的本质也就是让自己的工作状态变得越来越好。工匠表面上是不断打磨自己的产品，让自己的手艺越来越精湛，实际上他们是在“打磨”自己，让自己的人生越来越出彩。

2. 从小事做起

工匠精神需要从小事做起。任何大业的完成都是从点点滴滴的小事开始的，“一屋不扫何以扫天下”，小事是经验的积累，没有小事，就成不了大事。古代的手工艺人大多都是学徒制，徒弟跟随师父学艺，一般都要和师父同吃同住磨炼几年，从细微的小事做起。每天清早起来需要向师父请安，还要伺候师父的饮食起居，事无巨细、面面俱到。有的还要帮师父家里劈柴烧火做家务，打理杂事。学习技艺的时候也是从最基础的小事做起，如果不够细心，手脚不够勤快，师父还不愿意把真本领传给你。这些琐碎而严苛的磨炼，几乎是每个手艺人所必经的过程。正是因为在学艺过程中经过了许多小事的锻炼和心性的磨炼，才能承受行业的辛苦和压力，拥有坚持到底的韧性，成为一名出色的工匠。我们工作生活中也是一样，无论做什么事情，都要从小事做起，发扬工匠精神，全力以赴打好基础才能在行业领域开疆扩土，有所成就。

3. 注重细节

工匠精神是着眼于细节的耐心，是不放过一丝微小瑕疵的执着精神。一件完美的工艺品，不但需要用手用脑，更需要用心，只有用心追求细节的完美，才能做出精品。工匠精神要求我们工作生活之中无论做什么事情，千万不可忽视细节，只有注重细节，充满高度的责任感，才能为成功奠定必要的基础。在工作中，以高标准要求自己，不断成长才能为自己赢取更多的机会，达到别人所不能企及的高度。做任何事情的时候能够做到十分，我们就不能仅仅满足于八九分，这样才能山重水复，道路越走越宽阔。

4. 追求极致

一件事情，认真做，坚持做，做到极致就是成功。追求极致就是永不满足，不断努力，希望做到更好，追求完美的一种精神。把平凡做到精彩，把精彩做到极致就是成功。海底捞作为国内家喻户晓的火锅餐饮企业，它的口味也许算不上最好，但它的服务却是一流的。正是这种对服务的极致追求才使海底捞在业界脱颖而出，被称为“五星级”的火锅店。工匠精神正是拥有一颗追求极致的心，才能将平凡的事情做到不平凡。追求极致体现的是一种责任感和对职业的敬畏之心。一件产品，只有把每一步都做到位，处处留心，才能达到精致和完美。工作中我们只有熟悉每个步骤和环节，认认真真把事情做好、做精、做细，才能达到预期的目标。

（二）心无旁骛的专注精神

工匠精神是对自己职业的热爱和真情倾注。很多事情之所以失败，归根结底是我们没有端正态度，做事情不够专注，只有饱含热情、真情投入工作、认真专注走下去才能取得成功。专注是指工匠坚定不移、集中全部精力完成一项工作时的态度，是工匠专心致志做事情的工作状态。

1. 执着态度

态度往往决定一个人能到达的高度。对工作没有执着的态度，就很难取得显著的成效。没有卑微的工作，只有卑微的工作态度，每个人的工作态度完全取决于自己。工作态度比工作能力更重要，一个人的态度会决定他把事情做到什么样的程度。因此，做任何事情都要有一个好的态度。

2. 专注程度

专注就是把全部精力都集中在专业领域的学习和发展上。只有专注地耕作于某一专业领域，能有常人不及的成就。许多优秀工匠都是长时间（短则十几年，长则几十年）专注于一项技艺或一个岗位，经过持续不断地磨炼，最终获得卓越的成就。有了专注才会有钻劲儿。有钻劲儿几乎是大国工匠身上共同的优良品质。

3. 全身心投入

成功离不开专注，只有心无旁骛、全身心投入工作，目标才能一步步实现。在事业上能够有所建树的人无不拥有做事认真投入、心无旁骛的工匠精神。《孟子·告子》记载了一段小故事："弈秋，通国之善弈者也。使弈秋诲二人弈。其一人专心致志，惟弈秋之为听。一人虽听之，一心以为有鸿鹄将至，思援弓缴而射之。虽与之俱学，弗若之矣。为是其智弗若与？曰：非然也。"[1] 大概意思是说弈秋是棋艺高超的著名国手。他在教授两个学生学习棋艺时，其中一个学生非常认真，专心致志听从

[1] 杨德国忠．古代汉语 [M]．南昌：江西高校出版社，2009：320.

弈秋的讲解；而另一个学生虽然也是在听课，却是心不在焉，不时向外面张望，心里想的是大雁什么时候能飞过来，拿着弓和系有丝线的箭去把大雁射下来。这样来说，虽然两个学生都是在一起学习棋艺，拜的也是同一个师父，但是后者的棋艺却远远不如前者。是智力不如人家吗？其实只是不专心、不用功罢了。这个故事告诉我们无论做什么事情，必须心无旁骛、全身心投入才能取得成功。全身心投入、心无旁骛是一种优秀的工作态度和行为。能够专心致志把时间、精力投入工作，不受外界的影响和诱惑，才能取得卓越的成就。

（三）追求卓越的进取精神

卓越，是指杰出的、优秀的意思。追求卓越就是追求杰出的、优秀的目标。这一目标既可以是成为杰出的、优秀的人，也可以是取得杰出的、优秀的成就。工匠精神中的追求卓越是指不断让自身更加优秀的工作状态和人生信念。这种状态和信念一般源于工匠的崇高使命感、自我超越的人生追求以及关注细节的工作态度。

1. 认真细致的工作态度

认真细致的工作态度是工匠精神的基础。它体现为一个人把全部心思用在干事创业上，把所有精力用在学习进步上，真正以认真细致的态度，扎扎实实地把工作做好。这种工作态度有时表现为“轴”的精神、进取的态度。

2. “严”的工作精神

“严”的工作精神是工匠共同的优秀品质。他们能够自觉培养这种“严”的工作精神和作风，以严之又严、慎之又慎、细之又细的工作态度为标尺，衡量自己的工作。在这种“严”的工作状态下，他们能鞭策着自己不断进步，学有所得、思有所悟，不断提升自身的综合素质。

3. 崇高使命

对工匠精神的弘扬和践行本身就是具有崇高使命感的表现。因为工匠精神对于强国、强企、强人都有着重大的价值，我们要全面建成社会主义现代化强国，要培育一批具有全球竞争力的世界一流企业，要培养高素质的劳动者大军，就需要追求卓越的工匠精神。对于每一位工匠来讲，追求卓越的工匠精神充分展现了他们为国家、为民族、为社会、为人民创造最大价值的使命和担当。

4. 自我超越

工匠精神的本质是一种自我超越的精神，自我超越就是不断超越过去的自己。人可以对标先进典型，也可以进行自我超越。不断反省自己、完善自己、提升自己既是自我超越的过程，也是追求卓越的过程。

（四）革故鼎新的创新精神

“知者创物，巧者述之守之，世谓之工。百工之事，皆圣人之作也。”[1] 大概意思是：具有大智慧的人创造了有利于人类活动的美丽器物，心灵手巧的人把制作过程记录下来，保持着前人的制作传统可以称为良好的工匠，他们做的各式各样的美丽器物，都是具有大智慧的人所做的啊！这是《考工记》中的一段话，将“百工之事”上升到“圣人之作”，是对工匠的高度肯定。另外，突出真正的大师与普通工匠的最主要差别在于，普通工匠只是重复延续，而真正大师善于创新求变，说明了创新的重要性。

1. 创新需要具有研究精神

工匠在坚持传承传统工艺的同时，应该具有进一步的研究精神，充分发挥自己的智慧，拓展自己的思维，形成自己新的逻辑思维和创新思维，从而创造出新的事物。创造性是工匠精神的精髓，是一名优秀工匠所必备的品质。古往今来，许多人正是因为拥有创新精神，才创造出了

[1] 蒋伯潜. 十三经概论：上册 [M]. 吉林出版集团股份有限公司，2017：303.

新的价值，在平凡的工作岗位上做出了不平凡的成绩。蔡伦正是具有好学不倦、富于创新的精神，才研究发明出了造纸术，对人类文明做出了巨大贡献。在没有造纸术之前，一般用丝织品、竹简等记录文字，但是这些材料有的十分笨重，有的价格昂贵，使用起来很不方便。后来人们又尝试了不少方法，当时都有不尽如人意之处。蔡伦是东汉时期桂阳人。他出身低微，从小就被送入宫中当了太监。但蔡伦聪明勤奋、好学不倦，一有时间就偷偷跑到秘书监去读书，当时负责文史整理工作的杨太史极为赏识蔡伦的好学与上进，就把他调到了秘书监工作。

在秘书监，勤奋好学的蔡伦阅读了许多古代的典章书籍。汉和帝继位后，蔡伦被提拔为中常侍和尚方令，主要掌管手工作坊，负责监督宫中各种器物的制造。蔡伦是一个特别喜欢思考和研究的人，他经常和匠人一起讨论器物的制作和改进技术，同时他的创新和创造才能也逐渐显露出来。蔡伦看到很多书籍和奏章用竹简记录，这样特别笨重，阅读起来也不方便；而丝帛虽然比较轻便，但是价格昂贵，没有办法推广普及。

蔡伦一直想着能够制造出一种经济实惠、轻便的书写工具。蔡伦翻阅了许多先人留下的资料，冥思苦想却没有太大进展。

一天，蔡伦出宫的时候在河面上发现了一种像棉絮似的东西。这种东西一般是树皮、烂麻布等长时间在水里泡着，再加上太阳的暴晒，时间长了就形成了这种棉絮一样的东西。蔡伦由此受到了启发，他想到用来写字的昂贵的丝帛就是类似这样的材质，不同的是这种棉絮状的东西成本应该很低，材料也十分常见。蔡伦回到宫里就开始和工匠们一起研究讨论起来，他们把树皮、破布、麻头、渔网等东西弄碎，然后放在水里浸泡。浸泡一段时间后，这些材料中的杂质就会烂掉，留下的就是纤维组织了。

后来他们经过试验，把这种纤维组织拿出来捣烂成浆状，最后摊在席子上经过晾晒就变成了纸。经过反复研究和试验，蔡伦终于制造出了价格低廉而又实用的纸张。汉和帝使用后非常满意，重重奖赏了蔡伦，并把造纸的技术在全国推广开来，受到了人们的广泛喜爱和欢迎。当时人们为了纪念蔡伦的杰出发明和贡献，把这种纸叫作“蔡伦纸”。

蔡伦的这种善于学习，创新钻研的精神值得我们每一个人学习。在当今时代，同样有许多具有研究创新的工匠精神的“大国工匠”，用他们的创新和发明，为祖国的建设和人类进步做出了杰出贡献。

一个人只有善于学习并不断创新，才能不断进步，不断成长。创新是一个企业的核心竞争力，是一个国家发展的希望，是一个民族前进的动力。生活与工作中，我们只有养成善于观察，不断研究创新的精神，才能在个人发展的道路上越走越远，为国家和社会发展做出自己的贡献。

2. 创新要勇于打破思维定式

思维定式就是我们日常生活中形成的自己的思维习惯。人们在思考问题和解决问题的时候，习惯按照固定的思路去解决生活和工作中遇到的问题，一旦陷入这种思维定式里，就很难有突破和创新。我们找不到解决办法的时候，可以试着改变一下方向，从思维定式的怪圈里走出来，说不定事情就会出现转机。

3. 创新是工匠精神的核心

从表面上来看，创新似乎和工匠精神没有特别大的关系。在培养工匠精神的道路上，我们只有拥有了创新、创造的精神，才能走得更远。创新是工匠精神的核心和升华。一个人拥有创新精神，在平凡的岗位上也能大有作为，成就梦想；一个企业拥有了创新精神，才能在发展的道路上不断超越、创造辉煌。

二、工匠精神的基本要素

工匠精神需要经过日积月累的锤炼和技艺的不断提升，才能够实现成长和蜕变。概括来说，工匠精神的基本要素主要包括：职业技能要素、职业道德要素和综合素质要素三个方面（图 1–5）。

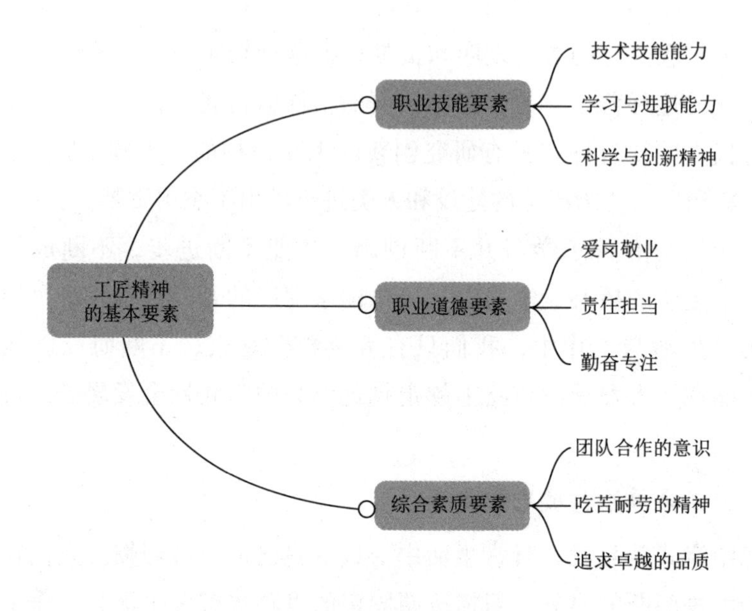

图 1-5 工匠精神的基本要素

（一）职业技能要素

职业技能指的是就业所需要的技术和能力，是实现就业的核心竞争力。在知识经济发展的时代背景下，国际竞争日益加剧，职业技能教育能够有效提高劳动者素质，有利于促进社会发展，加快经济增长方式的转变。

1. 技术技能能力

技术技能能力需要长期重复性劳动的积累，需要在实践中经过反复练习才能达到迅速、精确、熟练的程度。技术技能能力的重要性主要体现在职业发展中发现问题并解决问题的能力。在技术技能学习的道路上要以精益求精、尽善尽美的工匠精神来作为最高目标，严格要求自己。要从细节角度来诠释工匠精神精益求精的真谛，注重工作中的步骤特点，在实践中认真对待工作中的每一个细节，把握好每一个环节，坚持品质至上的原则，才能将工作做到极致。新时代大国工匠精神，对于高质量发展有着更高的追求，需要工匠能够加深对于专业知识的学习，精工细琢，以专注的目光对准产品的质量，重视细节。培养更多精益求精、追求极致的工匠，才能更好地促进行业中精益求精工匠精神的发展，促进大国工匠的技术技能能力水平的提升。

2. 学习与进取能力

工匠精神必须具备学习与进取的能力。要成为具有竞争优势的抢手人才，学习与进取能力是职场成功的关键。在不断更新、飞速向前的时代，新思想、新思维、新工具不断涌现并快速更替，只有具备学习与进取能力，紧跟时代的步伐，才能不被新时代甩出赛道。

只有以时不我待的心态，快速学习、深度学习、系统学习，并学以致用，才能跟上时代、适应时代、引领时代、创造时代。特别新时代的大学生要有紧迫感，要以工匠精神严格要求自己，紧随时代最新技术的发展，不断学习与进取、攻坚克难、提升技术水平，真正成长为具有工匠精神的应用型技术人才。

3. 科学与创新精神

科学与创新精神是工匠精神保持活力与生机的关键。创新从哲学的意义上分析是一种人的创造性实践行为，是人的自我否定性的发展，这种实践行为的目的是增加利益总量，是对事物和发现的利用和再创造。工匠职业领域的创新更多强调在已有理论基础上的再创造。创新是工匠精神的核心要素与灵魂，是个人实现自身职业目标的必备素质，更是推动社会不断前进的动因。创新需要经验的积累和技术的沉淀，需要建立在对技术技艺熟练掌握的基础上。只有关注细节、潜心研究，才能厚积薄发，实现思维的突破和个人价值的实现。精湛的技艺来自数十年如一日地打磨，来自不断地思考与总结，在总结中顿悟，找到解决问题的思维与方法。科学与创新精神离不开实践，只有经过实践的千锤百炼，才能发现问题、思考问题并解决问题，在行业和个人发展中走得更远。

（二）职业道德要素

职业道德要素主要包括爱岗敬业、责任担当、勤奋专注等要素，具体如下：

1. 爱岗敬业

爱岗指的是热爱自己的工作岗位和本职工作；敬业指的是用严肃的态度，勤勤恳恳、兢兢业业地对待自己的工作。爱岗敬业密不可分，表现的是对工作的热爱，对事业的坚守和工匠精神的执着追求。只有爱岗敬业，才能在自己的岗位上一丝不苟、精益求精，工匠精神的特质表现就是重视技能与专注工作的能力。在职场的道路上，难免荆棘遍布，有意志消沉、精神倦怠的时候，而爱岗敬业精神能约束我们思想的脱轨行为，引导我们战胜暂时的困难，走出低谷期，迎来黑暗过后的黎明。只有潜心工作、对自己的事业心存热爱，才能实现个人价值和职业理想，实现个人职业生涯的长远发展。

2. 责任担当

责任担当是中华传统文化的一部分，是每个人都应该具备的重要修为与思想境界。社会的安定团结、经济的稳步发展，需要每个人都切实履行好自己的职责，承担自己应该承担的责任。新时代大国工匠精神需要有爱国为民的责任意识和大国担当精神。只有拥有责任意识，才能具有高度的责任心和使命感，对工作的每一个细节力求完美，对质量问题不敢掉以轻心，生产出高品质的值得社会信任的好产品。责任意识体现了职业底线的工匠精神保证，意味着对自己使命的永远忠诚与坚守。工匠精神体现的是对工作认真负责、细致服务、严守规则，拥有超前的品质服务意识与岗位责任意识，实现自身的大国担当。新时代工匠精神应该秉持大局为重、集体利益为先的意识，积极承担社会责任，为社会精神与文化的传承贡献自己的一份力量。大国工匠的责任意识能够加强工匠自身对于职业的认同感，提升自身的专业技能水平，钻研技艺水平，以高度的责任意识来保障工作过程的安全，维护企业的权益，促进产品的升级与发展。

3. 勤奋专注

勤奋简单来说就是不辞辛劳、不知疲倦地做事。这种勤奋是自觉自愿的，不是外部力量驱使的。做任何事情都不可能一蹴而就，学业也好，事业也好，要达到自己的奋斗目标，都必须付出艰苦的劳动，进行不懈的努力，克服这样那样的困难。当然，勤奋不等于一天从早到晚忙得昏头昏脑，不等于搞疲劳战术，应勤而有序，勤而有得，有效地利用学习和工作时间，扎实地学习和工作。专注既是工匠精神的体现，又是一种人生态度，更是一种良好习惯。专注的人能专心致志、全神贯注，不受任何其他欲望和外界诱惑的干扰，对既定的目标和方向执着如一，不懈努力；专注的人能把一件事情做到底，不达目的不罢休。因此，专注是一种超然物外而保持平常之心的坚持，是把时间、精力和智慧聚集到所要完成的重大目标和任务上的持之以恒的工匠精神。

（三）综合素质要素

综合素质要素包括：团队合作的意识、吃苦耐劳的精神、追求卓越的品质等方面。

1. 团队合作的意识

团队精神与合作意识既是工匠精神的核心要素，也是个人成功必不可少的一种能力。团队精神是大局意识、协作精神和服务精神的集中体现，通过团队协作的方式，在集体中开放沟通，培养团队间沟通合作的能力，要时刻保持集体观念，是一种将个人利益与整体利益相统一的观念，作为团队协作的灵魂，引导整个团队的高效率运转。工匠精神应具备团队精神，在工作岗位上听从集体的安排，发挥集体的作用，在集体中保持良好的就业心态和为职业奉献的精神。团队精神并不是一般意义上的团队合作，而是在团队合作的基础上潜心钻研，提升自身技能水平，在专业领域达到极致，创新与发展并存，保持团队的活力，对团队项目的发展起到推动作用。个性发展和团队精神、合作意识并不矛盾，个性发展一定要建立在适应社会发展的基础上，不能违背集体利益。要发展成为具有工匠精神的优秀人才，必须拥有团队精神与合作意识，个人价值只有在尊重他人和承担社会责任中才能得到实现和升华。

2. 吃苦耐劳的精神

吃苦耐劳是工匠精神必备的精神品质。工匠精神对技艺的不懈追求，体现的是坚忍执着的职业操守，更是吃苦耐劳、饱含汗水地对品质的不断追求。优秀的工匠都有一种“钻”的特质，没有吃苦耐劳的意志，将缺乏钻研到底的决心与意志。吃苦耐劳代表工匠能够在掌握专业技能的基础上，坐得下冷板凳，耐得住寂寞，以坚忍不拔的勇气来克服技艺追求道路上的困难，对技艺道路上的创新满含钻研的执着，在荆棘的道路洒下坚忍的汗水。大国工匠自身拥有的大国气度，使拥有者能够坚持吃苦耐劳，坚忍执着，追求卓越，永不放弃，勇往直前地迈过技能的难关。

3. 追求卓越的品质

追求卓越是伴随工匠一生的追求，是事业发展和前进的动力。追求卓越是不满足于现状，只有不断追求卓越，人才能不断进步，实现个人价值；只有追求卓越，企业才能不断发展，在激烈的竞争中立于不败之地；追求卓越同样是中华民族几千年来生生不息、发展壮大的重要动力。新时代的工匠精神体现的是一种追求卓越的创新探索，只有在继承的基础上不断创新、追求卓越，才能紧跟时代发展的步伐，推动产品的升级换代，以满足社会发展和人们日益增长的对美好生活的需要[1]。

[1] 郑大发.什么是新时代的“工匠精神”[J].党政干部参考，2018(18)：34.

第二章 “智造工匠”人才的需求与培养分析

第一节 智能制造业的发展背景

制造业是国民经济的主体，是立国之本、强国之基、兴国之器。从18世纪中工业革命开始以来，制造业经历了数次技术革命。

近年来，随着科学技术的迅猛发展，信息技术、传感技术、网络技术、人工智能技术等在制造业中的广泛应用，新一轮以智能制造为核心的技术革命正在以前所未有的广度和深度，推动着制造业生产方式和发展模式的变革。

一、制造业的发展历程

制造业在国民经济中占有重要地位，是影响国家发展水平的决定因素之一。

工业革命开始以来，制造业已经经历了机械化、电气化与自动化、电子信息化四次技术革命发展阶段，目前正在经历智能化的技术革命，人类社会制造业正在经历以智能化、个性化为主要标志的工业技术革命。综合来看，世界制造业的发展历程如下（表2–1）。

表2-1　世界制造业的发展历程

时间	发展阶段	重要标志	主要发展成果
1760 ～ 1860	机械化时代（第一次工业革命）	蒸汽机和水力的广泛应用	工厂代替了手工工场，社会机器生产代替手工劳动，社会生产力获得极大发展；社会经济基础从农业向以机械制造为主的工业转移；引起了社会关系的重大变革，社会日益分裂为资产阶级和无产阶级两大对抗阶级
1861 ～ 1950	电气化与自动化时代（第二次工业革命）	电动机和电力的广泛应用	采用电力驱动产品的大规模生产，开创了产品批量生产的新模式，社会生产力获得飞跃发展，对人类社会的经济、政治、文化、军事、科技和生产力产生了重要影响；促进了世界殖民体系的形成，最终确立了资本主义世界体系
1951 ～ 2010	电子信息化时代（第三次工业革命）	电子技术和计算机的广泛应用	电子计算机与信息技术的广泛应用，极大地推动了人类社会经济、政治、文化等领域的变革；对人们的生活方式和思维方式产生了重要影响；促进了世界范围内社会生产关系的变化，为世界各国经济的发展带来机遇的同时也带来了严峻挑战
2011 年至今	智能化时代（第四次工业革命）	网络技术和智能化的广泛应用	是以人工智能、清洁能源、机器人技术、量子信息技术、可控核聚变、虚拟技术、生物技术为主的技术革命；技术工艺和生产效率得到了跨越式的发展；产品加速迭代，消费者对产品的功能、品质、服务更注重个性化和定制化的需求；制造业加速向智能化转型，未来制造业变革走向新起点，智能制造成为引领第四次工业革命的关键

由表 2-1 中的发展历程可以看出，智能化是全球制造业发展的大势所趋。智能制造在传统制造的基础上，将信息技术、传感技术、网络技术、人工智能技术等深度融入制造领域中，将有望颠覆传统制造的固有模式，在材料、工艺、制造流程等因素和环节上实现数字化、网络化、智能化的综合集成，将嵌入虚拟、模拟、柔性、个性的特性，并与 3D

打印、大数据、云计算、万物互联等新技术、新趋势紧密融合，贯穿于工业制造研发设计、加工制造、经营管理、销售服务的全过程，成为第四次工业革命的典型代表，是未来制造业变革发展的新起点。

二、智能制造概述

（一）智能制造的概念

智能制造业是以智能技术为代表的先进制造，包括以智能化、网络化、数字化和自动化为特征的先进制造技术的应用，涉及制造过程中的设计、工艺、装备（结构设计和优化、控制、软件、集成）和管理[1]。由上可知，智能制造是信息技术与制造技术紧密融合所诞生的变革传统的新型制造模式，贯穿于设计、生产、管理、服务等制造活动的各个环节。

（二）智能制造的特点

智能制造的关键是发挥人的智慧创造高效益的制造模式，来实现效益的最大化。企业在智能制造背景下追求的不单是智能，更是充分发挥智慧，实现资源占用的最小化和效率发挥的最大化。总体来说，智能制造的特点主要体现在以下四个方面（图 2-1）。

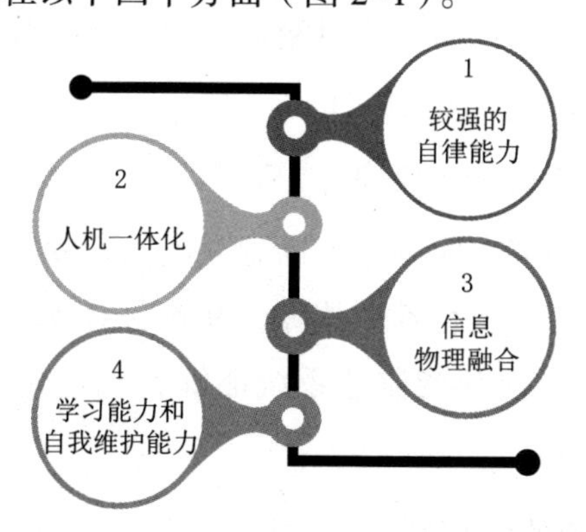

图 2-1 智能制造的特点

[1] 郭琼，姚晓宁 . 智能制造概论 [M]. 北京：机械工业出版社，2021：2.

1. 较强的自律能力

自律能力也就是通过主动观察，对环境信息和与自身相关的信息进行搜集，并进行分析判断，结合自身状态进行主动计划的能力。智能制造系统中的智能机器具有较强的自律能力，表现出一定程度上的独立性、自主性和独特性，相互之间能够协调运作、彼此竞争。这种自律能力是建立在强有力的知识库和知识模型之上的。

2. 人机一体化

智能制造系统体现了人工智能与人类智慧相结合的人机一体化特点。智能制造下的智能化系统是一种混合智能，在这一系统中，高素质、高智能的人才发挥着重要作用。具有逻辑思维能力、形象思维能力和灵感（顿悟）思维能力的人才在人工智能设备的配合下，能够更好地发挥潜能，使人机之间实现平等协作、相辅相成，将人的智能和人工智能真正集成在一起，相互配合、相得益彰，发挥更大的效能。

3. 信息物理融合

智能制造系统能够将采集到的各类数据同步到信息空间中，并通过对信息空间的理解和分析，进一步做出智能决策，然后将智能决策的结果反馈到物理空间中，从而实现对制造资源、制造服务等方面的优化控制，实现制造系统的整体优化运行。

4. 学习能力和自我维护能力

智能制造系统能够在实践中不断地充实知识库，具有自学功能。同时，在运行过程中可以自行诊断故障，并具备对故障自行排除、自行维护的能力。这种特征使智能制造系统能够自我优化并适应各种复杂的环境。

（三）智能制造的实现基础

智能制造的实现需要具备制造系统自动化、制造系统信息化和智能化运行分析与决策三个条件，具体如下（图 2–2）。

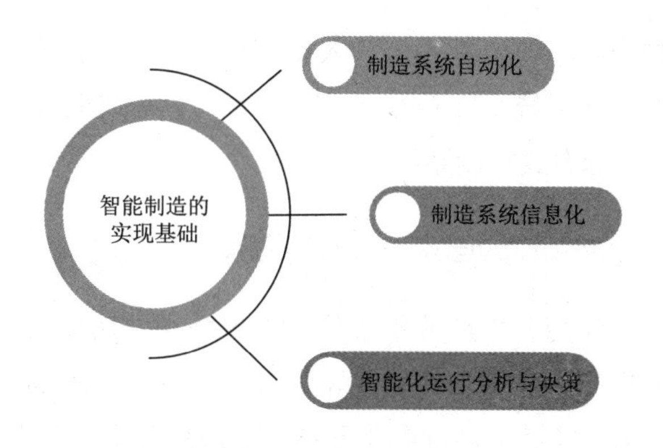

图 2-2 智能制造的实现基础

1. 制造系统自动化

自动化制造系统，是指在较少的人工直接或间接干预下，将原材料加工成零件或将零件组装成产品，在加工过程中实现管理过程和工艺过程自动化。管理过程包括：产品的优化设计、程序的编制及工艺的生成、设备的组织及协调、材料的计划与分配、环境的监控等。工艺过程包括：工件的装卸、储存和输送，刀具的装配、调整、输送和更换，工件的切削加工、排屑、清洗和测量，切屑的输送，切削液的净化处理等。

2. 制造系统信息化

信息化制造也称为制造业信息化，是企业信息化的主要内容。信息化制造，是指企业在生产、经营、管理的各个环节和产品生命周期的全过程，应用先进的计算机通信、互联网和软件信息技术与产品，并充分整合、广泛利用企业内外信息资源，提高企业生产经营和管理水平。信息化制造的目的是把信息变成知识，将知识变成决策，把决策变成利润，从而使制造业的生产经营能够快速响应市场需求，达到前所未有的高效益。

3. 智能化运行分析与决策

智能车间在运行分析与决策方面，主要体现在实现面向生产制造过程的监视和控制。其涉及的现场设备按照不同功能可分为：①监视：包括可视化的数据采集与监控系统、人机接口、实时数据库服务器等，这些系统统称为监视系统；②控制：包括各种可编程的控制设备，如可编程逻辑控制器、分布式控制系统。

三、国外智能制造的国家发展战略背景

智能制造业作为一种产业生态的发展态势和发展模式，对产业发展起到决定性的作用，在以智能化为特征的制造业变革浪潮中，各国纷纷开始布局智能制造发展，推进产业升级，振兴制造业（表 2–2）。

表2–2 世界主要国家智能制造业发展战略

国家	提出时间	战略名称	战略概述
德国	2013	德国工业 4.0	德国该战略的提出是为了提高其工业竞争力，维护其制造业霸主的地位，目标是建立一个具有高度灵活性的个性化、数字化的商品和服务生产模式
英国	2013	英国工业 2050 战略	英国工业 2050 战略将服务型制造业作为未来发展的重要方向，出台了相应的政策和战略措施，来重点支持建设新能源、智能系统和材料化学
法国	2013	法国新工业战略	法国的新工业战略旨在通过一系列的科学改革，实现民生经济、生态能源转型、新技术发展三大工业复兴计划，实现工业生产向智能制造的转型
美国	2014	美国先进制造业战略	美国先进制造工业战略是为了重塑美国制造业，通过对国家制造业发展的重新规划，依托新一代信息技术、新能源、新材料等创新技术，重塑美国制造业在全球的竞争优势

续表

国家	提出时间	战略名称	战略概述
日本	2015	日本机器人新战略	日本机器人新战略将机器人和人工智能作为国家创新战略的一个重要领域，通过扩大机器人应用领域和加快机器人技术的研发，将机器人作为制造业竞争的焦点

四、我国智能制造的国家发展战略背景

我国制造业规模位列世界第一，具有比较完整的体系和齐全的门类，随着先进技术在制造业的不断应用，我国智能制造业发展在全球也处于领先地位，但是与德国、英国、美国、法国、日本等国家相比还有一定的差距。为实现由制造大国向制造强国的迈进，国务院于2015年5月颁布了强化高端制造业的国家战略规划——“中国制造2025”。

“中国制造2025”要求坚持走中国特色新型工业化道路，以促进制造业创新发展为主题，以提质增效为中心，以加快新一代信息技术与制造业深度融合为主线，以推进智能制造为主攻方向，以满足经济社会发展和国防建设对重大技术装备的需求为目标，强化工业基础能力，提高综合集成水平，完善多层次多类型人才培养体系，促进产业转型升级，培育有中国特色的制造文化，实现制造业由大变强的历史跨越。简言之，“中国制造2025”的战略核心是智能制造。

“中国制造2025”的战略目标是立足国情、立足现实，力争通过“三步走”实现制造强国的战略目标。

第一步，力争用十年时间，迈入制造强国行列。

第二步，到2035年，我国制造业整体达到世界制造强国阵营中等水平。

第三步，中华人民共和国成立一百年时，制造业大国地位更加巩固，综合实力进入世界制造强国前列。

制造业主要领域具有创新引领能力和明显竞争优势，建成全球领先

的技术体系和产业体系。“中国制造 2025”提出要大力推进智能制造，以带动提升各个产业数字化水平和智能化水平，加速培育我国新的经济增长动力，抢占新一轮产业竞争制高点，并明确了五大工程来推动“中国制造 2025”的落地，智能制造工程为五大工程之一。加快发展智能制造是培育我国经济增长新动能的必由之路，是抢占未来经济和科技发展制高点的战略选择，对于推动我国制造业供给侧结构性改革，打造我国制造业竞争新优势，实现制造强国具有重要战略意义。

推动智能制造，能够有效缩短产品研制周期，提高生产效率和产品质量，降低运营成本和资源能源消耗，并促进基于互联网的众创、众包、众筹等新业态、新模式的孕育发展。智能制造具有以智能工厂为载体，以关键制造环节智能化为核心，以端到端数据流为基础，以网络互联为支撑等特征，这实际上指出了智能制造的核心技术、管理要求、主要功能和经济目标，体现了智能制造对我国工业转型升级和国民经济可持续发展的重要作用。

第二节 工匠精神与智能制造人才培养的耦合性

新时代背景下工匠精神的传承与创新，是我国社会经济产业结构升级的内在精神需求和发展动力，工匠精神的培育有利于“中国制造 2025”“十四五”规划和 2035 远景目标的实现。工匠精神与智能制造人才培养存在耦合性，将工匠精神融入智能制造人才培养的全过程，培养更多“智造工匠”，是基于现实的必然抉择。

一、工匠精神与智能制造人才培养存在多方面的一致性

工匠精神与智能制造人才培养在价值取向、时代诉求和实践路径等方面具有一致性（见图 2–3）。将工匠精神与智能制造人才培养紧密结合起来，才能形成互为补充、强强联合的优势。

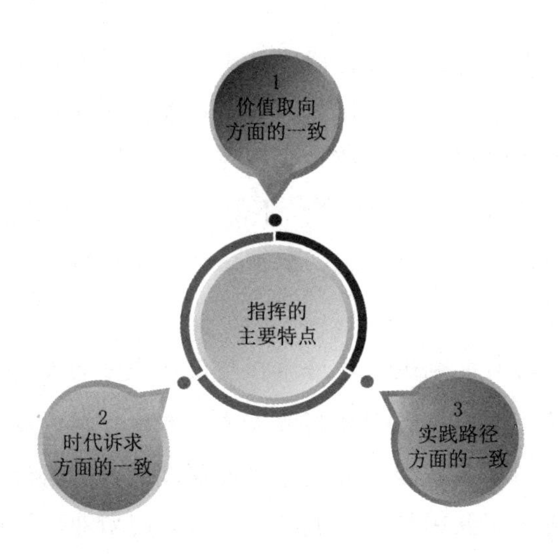

图 2-3 工匠精神与智能制造人才培养的一致性

（一）价值取向方面的一致

价值取向体现的是一个人的价值观，指的是主体在面对或处理各种矛盾和冲突时所持的态度以及所表现出来的价值倾向。价值取向是主体的理念和意识在道德、能力、个性、审美等各个方面的不同反映。价值取向具有定向性、鼓励性、引导性和实践性的特征，它对实践活动的方向和性质起到决定性的作用，并且直接影响实践活动的效果。工匠精神和智能制造人才培养在价值取向方面具有一致性，能带来正面的价值影响。在当前“中国制造 2025”的战略背景下，工匠精神与智能制造人才培养在价值取向方面存在一致性，能够产生耦合叠加效应。

1. 工匠精神与智能制造人才培养具有一致的价值取向

工匠精神的价值取向主要表现在以下三个方面：从技术技能方面来说，工匠精神取向理论和实践的结合，强调娴熟的技能和精湛的技术的掌握，对技艺的学习要求精益求精，不断攻坚克难，具备优秀的研究精神和创新精神。从职业道德方面来说，工匠精神要求具备爱岗敬业、互助合作、诚实守信等职业素养和道德品质。从个性特征方面来说，工匠精神要求具有艰苦耐劳、顽强拼搏、甘于平凡而又不甘于平庸的优秀品质和个人追求。智能制造人才培养在技术技能、职业道德、个性特征等价值取向方面与工匠要求的价值主张不谋而合。在对智能制造人才培养过程中要注重对其综合素质的培养，不但注重对其职业道德素养的提升，而且重视其传承意识、合作意识、奉献精神等个性特征的培养与先进技术技能的掌握。

2. 工匠精神与智能制造人才培养在价值传递方面具有一致性

价值传递是工匠精神和智能制造人才培养建立在内涵统一基础上的再发展，是工匠精神与智能制造人才培养深度融合的必经过程。在价值传递的过程中感知工匠精神的价值取向，从爱岗敬业学习中获得技能知识与经验，从而逐渐掌握工匠精神的价值观念，是智能制造人才培养价值传递的目标。工匠文化是职业精神价值传递中的重要载体。智能制造人才培养将工匠精神文化具体化，将工匠精神中所蕴含的价值观念、技术技能、经验总结、创新思维、行为方式融入学校教育发展的过程中。重视工匠精神价值观念在高校的传递过程与方法，将工匠精神内化为校园职业精神文化的内容，主动渗透到专业课程的学习与校园文化的建设当中，构建符合智能制造人才培养的校园氛围。学校重视职业道德精神的培养，将爱岗敬业的核心要素作为工匠的价值支撑，促进提高智能制造人才的工匠精神的培养质量，提升智能制造人才与职业的匹配程度。高校应该积极承担起智能制造人才的培养重任，培养具有爱岗敬业、大国担当、促进社会经济转型和升级的高素质智能制造人才。

3. 工匠精神与智能制造人才培养在价值实现方面存在一致性

价值实现是价值观的外在表现形式，是个人自我追求的最直接目标，集中表现为外界对个体的评价，重视社会的认可程度。智能制造人才培养的价值实现是大国工匠价值观的外在表现形式，直接表现于社会智能制造人才的成才目标与结果，深受社会认可。掌握先进技术的智能制造人才是国家需要的栋梁，智能制造人才是国家繁荣发展的主力军，是由制造大国向制造强国转型的关键力量，对经济转型升级起到积极的作用。

智能制造业的发展在很大程度上表现为优质产品和优质服务，而优质产品与优质服务需要一流的智能制造人才作为保障，工匠精神的价值契合了对智能制造人才培养的要求。工匠精神价值观蕴含个体高超精湛的技能技术及良好的人文精神，其精神价值观的实现既是衡量智能制造人才的重要标准，也是职业教育质量的重要评价标准。既要重视实践技能应用和操作能力，也不能忽视内在道德素养的提升，是工匠精神和智能制造人才培养的价值实现的一致追求和内在统一。德艺双馨是弘扬技能型大国工匠精神的显性表征，体现了大国工匠精神与智能制造人才培养的价值实现。智能制造人才培养能够促进社会经济建设发展，经济的转型离不开工匠精神复兴，智能制造人才的价值实现将唤醒社会人才的强大凝聚力和向心力，以中华民族文化为底蕴，传承优秀的工匠文化，进而为我国全面建成小康社会提供充足的智能制造人才保障。要用工匠精神的价值引导提高智能制造人才培养质量，为社会培养一大批市场需要、社会认可程度高的智能制造人才，提升智能制造人才价值实现过程中的职业认同感。

（二）时代诉求方面的一致

弘扬工匠精神是提高我国制造业核心竞争力，加快转型升级的重要举措，而工匠精神的传承与创新需要智能制造人才的积极参与。弘扬工匠精神与智能制造人才培养在时代诉求方面具有一致性，两者相互结合，才能形成优势互补。2015 年，国务院印发《中国制造 2025》，这是我国实施制造强国战略的第一个十年的行动纲领。《中国制造 2025》强调："坚持把人才作为建设制造强国的根本，建立健全科学合理的选人、用人、育人机制，加快培养制造业发展急需的专业技术人才、经营管理人才、技能人才。营造大众创业、万众创新的氛围，建设一支素质优良、结构合理的制造业人才队伍，走人才引领的发展道路。"[1] 要实现"中国制造 2025"的战略目标，助力制造业实现转型升级，需要两个必备要

[1] 孙凤山．中国制造 2025：人才准备好了么？[J]．工会信息，2015(27)：21−22.

素：一个是先进科学技术，另一个是拥有工匠精神的智能制造人才。高校作为智能制造人才培养的基地，要传承创新工匠精神，培养高质量、高素质的智能制造型人才，这是制造业转型升级背景下时代赋予高校的责任和使命。工匠精神是时代对智能制造型人才提出的新要求，也体现了制造业转型升级的时代需求和历史召唤。目前，新一轮的科技革命和产业变革正在加快推进，国家之间竞争的焦点日益演变为以科技创新为核心的竞争。我国目前已经跨入创新型国家行列，要实现科技强国的目标，在日益加剧的科技竞争中占据优势，必须坚持科技创新。而无论是科技竞争还是科技创新都离不开人才。科技创新需要的是大批专注科研、勇于改革创新的智能型人才，而时代赋予工匠精神的核心内涵如专注、进取、创新，都与智能型人才的精神特征不谋而合。高校是智能型人才的培养基地，打造一批科技水平高、实践能力强的科技领军人才，是科技强国赋予高校的时代使命。

（三）实践路径方面的一致

工匠精神与智能制造人才培养都是一项长期、复杂的系统工程。首先，工匠精神的培育与智能制造人才培养都需要从学生和教师两个主体来展开。从学生的角度来看，在智能制造人才培养中，学生要转变学习的态度，提高学习的积极性和主动性，认真学习专业理论知识，加强技术应用的实践，培养个人吃苦耐劳、意志坚定、追求卓越技能的优秀品格。从教师的角度来说，教师在培养智能制造人才中具有举足轻重的作用，能够在潜移默化中对智能制造人才的个人发展和工匠精神的培养产生影响。教师必须具备高尚的道德和崇高的职业修养，在智能制造人才培养过程中注重工匠精神的融入，秉持以德育人的态度，重视工匠精神价值观的培育。其次，工匠精神与智能制造人才培养的关键都是生产实践，工匠精神蕴含吃苦耐劳的意志品质，要求智能制造人才熟练掌握岗位技术技能，能够以创新创造能力承担社会责任，追求职业事业卓越发展。工匠精神影响智能制造人才培养的实践途径，能够促进高校重视智能制造人才的职业道德的发展，带动人才实践能力的提高，进而促进社会智能制造行业的发展，所以本科院校培养智能制造人才的目标是培养大量具备工匠行为方式的“智造工匠”人才。

此外，工匠精神与智能制造人才培养都重视个体培养过程中综合实践素质的培养，因此从两者的综合素质培养的实践路径分析其相关性：其一，高校重视智能制造人才的职业实践感，强化应用型学生的实践意识，以工匠精神的核心要素引导学生的实训内容，提高智能制造人才的岗前职业适应能力，精准对接岗位需求。其二，在智能制造人才培养的过程中，高校重视智能制造人才职业道德、技能水平与个性的全面发展。其三，智能制造人才培养的实践教育重视现代学徒制。现代学徒制是培养一流工匠、培育工匠精神的实践载体。高校要积极探索适应现代社会发展的现代学徒制发展模式，综合各方的力量，探索工学结合的方式，将市场引入办学模式，培育具有综合素质的高素质智能制造人才。工匠精神培育是社会实践的结果，智能制造人才的培养同样离不开实践，两者在实践路径上具有一致性。

二、工匠精神与智能制造人才培养的内在关联

工匠精神的传承与创新是智能制造人才培养的重要措施，工匠精神与智能制造人才培养的耦合性体现在两者之间具有内在的关联，具体如下（图 2–4）。

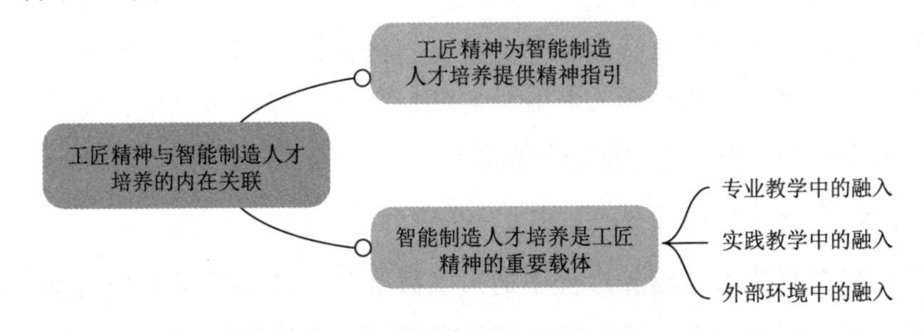

图 2–4 工匠精神与智能制造人才培养的内在关联

（一）工匠精神为智能制造人才培养提供精神指引

目前，我国制造业智能人才的短缺已经成为急需解决的问题。国务院发布的《“十四五”就业促进规划》明确提出：“大力弘扬劳模精神、劳动精神、工匠精神，营造劳动光荣的社会风尚和精益求精的敬业风气。鼓励劳动者通过诚实辛勤劳动、创新创业创造过上幸福美好生活。加强职业道德教育，引导劳动者树立正确的人生观价值观就业观，培养敬业精神和工作责任意识。推进新型产业工人队伍建设，提高产业工人综合素质。”我国智能制造人才无论从质上来说还是从量上来说都存在明显的缺失，而通过对工匠精神的传承与创新，能够为人工智能制造人才提供精神指引，有利于智能制造人才职业道德和职业素养的培育，实现德技双修、全面发展的培养目标。

（二）智能制造人才培养是工匠精神的重要载体

智能制造人才培养是工匠精神的重要载体，要充分构建智能制造人才培养体系，联合行业企业，协同打造育人共同体，充分发挥职业教育弘扬工匠精神的主体作用，将工匠精神充分融入智能制造人才培养的全过程。

1. 专业教学中的融入

工匠精神可以融入智能制造人才培养的专业课程中。工匠精神与专业课程的融合，能够为智能制造人才以后的职业生涯打下良好的基础。此外，还应该结合行业特点和专业特点，分析行业和专业的职业特征和职业精神，将工匠精神融入专业学习的目标和内容考核之中，使学生认识到工匠精神对提升专业能力的重要作用。

2. 实践教学中的融入

在智能制造人才培养过程中通过实践教学，能够让学生提前感受到职场情况与行业业态，激发职业情感和热情。在实践教学中，当学生深刻体会到工匠精神的价值和文化力量时，就会激发其对工匠精神的学习动力和工匠价值的情感追求，通过不断接受熏陶和训练，将工匠精神内化为自己的专业素养和职业追求。

3. 外部环境中的融入

工匠精神融入智能制造人才培养外部环境，一方面可以通过开展关于工匠精神的演讲、相关知识和技能大赛等文化活动，加深学生对工匠精神的认识，积极宣传工匠精神，营造工匠精神的校园文化环境和精神氛围。这样既能拓展学生的知识面，还能锻炼其动手能力，对其职业精神的形成也起到了积极的促进作用。另一方面高校还可以在校园环境的创设中植入工匠精神的文化因素，如开辟关于工匠精神的宣传角、在校园广场角落设置代表工匠精神人物的雕像等，以特殊的教育方式，在潜移默化中塑造智能制造人才的工匠精神。

三、工匠精神与智能制造人才培养互为依存

工匠精神与智能制造人才培养的耦合性还体现在两者互为依存的关系。工匠精神对于塑造大学生的正确价值观、人生态度和精神特质具有独特的作用，是智能制造人才培养的核心命题。

（一）工匠精神为智能制造人才培养提供价值导向

工匠精神能够在正确职业价值观的塑造、道德品质价值观的锻造、创新价值观的培育等方面为智能制造人才培养提供价值导向，具体如下（图 2-5）。

图 2-5 工匠精神为智能制造人才培养提供价值导向

1. 正确职业价值观的塑造

职业价值观指的是人生态度和人生目标在职业选择方面的具体表现，即，一个人对职业的认识和态度，以及其对职业目标的追求和向往[1]。职业价值观对职业生活起着重要的指导作用，一个人的职业价值观受到主观因素的影响，职业价值观关系到学生的职业定位和职业发展，是学生职业理想能否实现的关键所在。帮助学生树立正确的价值观，做好相关职业规划，是高校智能制造人才培养的重要工作之一。

工匠精神蕴含职业平等和职业满足的职业价值观，对智能制造人才的培养能够起到价值导向的作用。智能制造人才培养过程中应该引入职业平等的价值观，深入了解职业平等的关键，加深对智能制造人才的职业认识，引导智能制造人才在正确职业价值观的基础上做好职业规划。要认识到无论什么行业的劳动者，都是社会财富的创造者，没有高低贵贱之分，无论从事什么工作，只要脚踏实地、兢兢业业都能有所成就。工匠精神体现了对行业技艺的不懈追求，体现了干一行爱一行专一行的职业平等价值观和职业追求理念。工匠精神的职业满足感来自工匠对自身技艺的成就感和对职业的热爱，体现了个体对自我价值实现的不懈追求。职业满足感是建立在劳动者对职业的正确认知和归属基础上的。在智能制造人才培养过程中，要引导学生树立正确的职业目标，树立职业平等的价值观，激发其对职业的强烈归属感和认同感，从而产生职业满足感，最大限度地激发智能制造人才的主观能动性和创造性，促进其个人职业价值的实现。

2. 道德品质价值观的锻造

工匠的道德品质价值观具体表现为工匠的道德认知、道德选择与道德行为。在智能制造人才培养过程中开展对工匠精神的解读与探索，增强学生爱岗敬业、尊师重道的职业道德观念和意识。爱岗敬业是大国工匠精神的核心要素之一。爱岗即从业者热爱自己的职业岗位，是一种职

[1] 孙娜，黄智倩．试论职业指导在促进大学生就业工作中的作用和重要性 [J]. 现代职业教育，2015(28)：106-107.

业道德选择；而敬业则是从业者对职业怀有敬畏之心，具备职业底线，是一种职业道德行为。工匠道德品质价值观要求工匠在职业生涯过程中必须坚持“有所为有所不为”的职业原则，不断精益求精。此外，工匠道德品质价值观亦体现在其尊师重道的师道精神。无论是古代传统的师徒制模式，还是智能制造人才的现代培养模式，都应体现对技术技能的重视和对掌握技术技能先辈的尊重和推崇。

智能制造人才培养应深化职业道德内容的教授与发展，促进培养具有工匠道德品质价值观的就业人才。职业道德品质价值观重视责任担当的培养，智能制造人才应该担负起职业责任，培养工作中认真细致的品质，能够在团队的分工工作中认真负责，重视生命安全与产品质量，加快成长与成才的进程。智能制造人才的工匠道德品质价值观与社会发展水平息息相关，大国责任担当就是将民族的崛起步伐与自身的技能培养挂钩，要重视职业责任，承担时代使命。道德素质的提高能培养具有职业精神、职业理想与技能水平高超的高素质智能制造人才，调节社会主体发展协调关系，促进社会经济的发展。高校应重视道德培育下的智能制造人才传承、人才培育，培养技能型人才的团队意识，打造高校智能制造人才的道德品质价值观。拓宽人才道德的培育方式，培养独具大国工匠精神的道德品质价值观的高素质智能制造型人才。

3. 创新价值观的培育

创新价值观指的是智能制造人才在熟练掌握技术技能的基础上，通过不断的经验积累和技术技能的沉淀提升，在反复思考和不断探索总结的过程中加强技术创新与创造的思想意识和价值理念。创新价值观具有根本驱动力，对智能制造人才的成长和社会发展方向有着举足轻重的作用。工匠精神有利于塑造健全的人格，帮助智能制造人才形成创新品质，指导其技术创新行为。大学时期是人才创新价值观逐渐稳定并走向成熟的关键时期，因此，高校应该以工匠精神为依托，鼓励技能型学生将技艺、思考与情感相结合，在总结与顿悟中提升自身的创新能力；高校也应该结合本校特色，将创新价值观与智能制造人才培养方案相结合，在课程中重视创新精神的发展，为社会转型培育智能制造人才资源。只有高校重视创新价值观的发展，才能更好地培养出市场所需要的高素质智能制造人才，培养出真正的不畏困难、抗风险能力强、富有工匠精神和创新能力的高素质智能制造人才。

（二）工匠精神为智能制造人才培养提供实现保障

在智能制造人才培养过程中，工匠精神在良好环境的营造、人才培养方案的创新、人才培养模式的改革、校园文化形态的丰富、引导培育“智造工匠”人才等方面为智能制造人才培养提供实现保障，具体如下（图 2–6）。

图 2–6　工匠精神为智能制造人才培养提供实现保障

1. 良好环境的营造

工匠精神是近些年研究和讨论的热点话题之一。2015 年，《大国工匠》系列教育片在央视综合频道播出，主要讲述了来自不同行业不同领域的劳动者的故事，他们数十年如一日，凭借自己的双手，潜心传承与钻研、匠心筑梦、追求职业技能的极致化，向世人展现了工匠群体的精神风貌与卓越才智。2016 年，工匠精神在政府工作报告中首次出现便被提升到国家战略高度，更是掀起各界人士广泛热议工匠精神与工匠群体的热潮。技能大师作为工匠群体的典型代表，自然而然地成为社会各界讨论的焦点。2021 年，中共中央办公厅、国务院办公厅联合印发了《关于推动现代职业教育高质量发展的意见》。该意见指出，要加快构建现代职业教育体系，建设技能型社会，弘扬工匠精神，培养更多高素质技术技能人才、能工巧匠、大国工匠，为全面建设社会主义现代化国家提供有力人才和技能支撑。

此外，政府通过开办各级各类职业技能竞赛、中华技能大奖与全国技术能手等评选活动；举办全国劳动模范与全国青年岗位能手等表彰大会；借助线上网站与应用软件、线下报纸与杂志等传播方式，努力在全社会形成劳动光荣、崇尚技能的浓厚氛围，营造尊崇工匠精神与技能大师的社会风尚，为智能制造人才的培养营造了良好的环境和社会氛围。

2. 人才培养方案的创新

智能制造人才培养方面应该将工匠精神贯穿人才培养的始终，注重理论联系实际，强化学生的职业道德培养。智能制造人才培养过程中需要明确高校的培养目标，着重培养学生的爱国情怀，将工匠精神培育和职业道德教育纳入教学体系和管理体系之中。高校在智能制造人才培养中要重视体现工匠精神的技术技能和实践能力的培训，在专业课中增加技术技能实训的比例，将工匠精神融入实训课程的日常学习之中。

3. 人才培养模式的改革

要对传统的智能制造人才培养模式进行改革，构建以工匠精神为导向的智能制造人才培养模式。在智能制造人才培养的过程中，要重视学历教育中的技能理论学习，在技能等级证书的培训中，要秉持技能等级证书教育是学历教育的外延，将重复的技能知识剔除，夯实应用型的理论基础，积极发挥职业技能证书在技能学习质量评价中的作用。高校可以联合校外的具备与高校技能专业符合的行业协会等社会组织与企事业单位，将工匠精神中的精益求精、一丝不苟的品质融入学历准入与证书准出的过程中，切实落实“1+X证书制度”。高校要创新学历教育与职业培训并举的智能制造人才培养方式，积极发挥高校在实施职业技能水平评价中的优势，优化课程培训内容与课程培训方式，为社会经济的发展提供合格的高素质智能制造人才。工匠精神引导下的“1+X证书制度”职业人才观在培养高素质的智能制造人才的过程中，能够提高学生的动手能力，提升学生毕业的市场竞争力，并且职业技能证书并不是唯一的，学生可以根据自己的精力与兴趣选择其他的相关技能进行培训，这无疑加强了智能制造人才的岗位转换能力，进而能够促进自身理论知识的提升，提高自我效能感，增强职业自信心，高校应该鼓励并加强学生在就学阶段的潜力性学习。

4.校园文化形态的丰富

高校的校风校训蕴含大国工匠精神，能够影响高校的校园文化氛围，进而促进智能制造人才培养的发展。在智能制造人才培养的过程中，高校要充分重视办学思想、教育理念、校园文化与教风学风的价值体系，确立相对应的价值观念，重视高校教师言行文化，加强自身的职业道德素养与人文素质的提升，将其融入智能制造人才的培养中。高校的校园文化潜移默化地影响着人才价值观的塑造，高校要重视工匠精神在文化宣传中的作用，坚持将工匠精神融入高校办学理念与学校文化等精神环境的营造过程中，树立坚定的智能制造人才就业成才的理念，促使智能制造人才成为具有完美人格的职业人才。高校要以制度规范的方式保障工匠精神培育的文化形式载体，进而反向促进大国工匠精神下的个体价值观的发展与进步。

5.引导培育“智造工匠”人才

工匠精神的培育重视以就业为指导开展智能制造人才的教育教学活动。在教学内容上，智能制造人才专业教学内容要实现与职业标准的精准对接，注重专业理论知识与生产实践密切结合，以就业为方向引导智能制造人才向“智造工匠”迈进。高校要使就业岗位培训的具体实践内容与工匠精神的核心内涵要素相关联，丰富学生的就业知识，促进以工匠精神的职业价值观为引导，以就业为最终目的“智造工匠”人才培养。高校在智能制造人才培养过程中要以培育“制造工匠”为最终目标，广泛开展校企合作，促进智能制造人才的就业发展。高校坚持全日制学历教育与技术技能教育同步进行，兼顾职业教育与终身教育，开展集在校生学习、毕业生“回炉”教育、企业技术技能骨干培训与再提升为一体的教育，最终实现技术技能人才的动态可持续发展。[1] 高校坚持以就业为方向引导相关专业学生迈入“智造工匠”培养行列，促进高校培养出更多为中国制造注入活力的高素质“智造工匠”人才，为中国制造的升级转型打下坚实的人力资源基础，提供源源不断的动力支持。

第三节 “智造工匠”人才培养的客观需求及趋势分析

以数字化、网络化、智能化为核心的新一轮工业革命，体现了信息技术与制造业的深度融合。我国“中国制造 2025”提出了制造业未来发展的方向和“三步走”的战略计划。实现制造强国的战略目标，需要夯实高质量发展的人才支撑。在全球新一轮科技革命和产业变革中，世界各国纷纷将发展制造业作为抢占未来竞争制高点的重要战略，把人才作为实施制造业发展战略的重要支撑，加大人力资本投资，改革创新教育与培训体系。

一、“智造工匠”人才培养的客观需求分析

当前，我国经济发展进入新常态，制造业发展面临资源环境约束不断强化、人口红利逐渐消失等多重因素的影响，人才是第一资源的重要性更加凸显。“中国制造 2025”第一次从国家战略层面描绘建设制造强国的宏伟蓝图，并把人才作为建设制造强国的根本，对人才发展提出了

[1] 潘海生，李阳．职业教育 1+X 证书的外在表征与本质解构——基于 15 份职业技能等级标准的文本分析 [J]. 中国职业技术教育，2020(6)：5-12.

更高要求。提高制造业创新能力，迫切要求着力培养具有创新思维和创新能力的“智造工匠”。“智造工匠”人才培养的客观需求主要体现在以下两个方面（见图 2–7）。

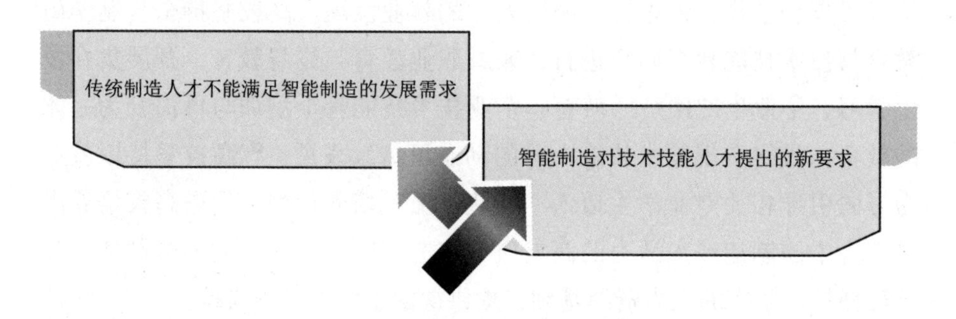

图 2–7　“智造工匠”人才培养的客观需求

（一）传统制造人才不能满足智能制造的发展需求

随着我国产业结构发生新的转变，传统制造人才已经不能满足智能制造发展的需求，智能制造对传统产业的改造深刻影响了人才需求和人才培养的变化。在传统制造模式下，我国工业制造人才存在供给过剩的情况，并且传统工业制造大多集中在附加值比较低的领域，制造业人才队伍的知识、能力和素质等方面都需要进一步提高，才能满足智能制造发展的需求。智能制造是工业制造的新形态，其人才培养应是综合性复合型的人才培养策略与模式。不同于传统工科，智能制造人才的培养从数量、质量、行业、地域上均存在培养不足的问题，特别是在工业制造行业与电子信息类专业的深度融合上存在“两张皮”的现象，真正意义上的交叉复合培养模式还未构建起来。智能制造人才培养不足的主要问题根源是：信息技术与制造技术融合的复合型教育模式未能及时构建起来。而如何发挥各自的培养特色与优势，将信息化、智能化专业教育与行业领域应用需要的专业教育融合，在复合型人才培养、创新型人才成长方面拓展新的路径，仍然是一个悬而未决的问题。

在现代制造业不断更新换代的背景下，人才的培养已经不能满足智能制造的发展需求。传统制造业亟待转型升级，在智能制造为引领的新一轮科技与产业革命到来之际，人才的培养与成长必将发生新的实质性变革。

（二）智能制造对技术技能人才提出的新要求

我国智能制造业的发展急需一大批具有工匠精神的“智造型”人才，也就是“智造工匠”。这些“智造工匠”不但要掌握先进的信息技术，对制造业的相关环节和关键技术熟知于心，而且要具备顽强拼搏、精益求精、敬业创新的工匠精神以及多种学科知识的复合型人才。

随着“中国制造 2025”的到来，制造业生产效率和资源利用率将得到极大提高，技术、生产与人之间的关系将得到重新定义，制造业的流程也将告别传统意义上的单打独斗模式，逐步实现向高端化、集成化的转型发展。智能制造生产系统能够代替人来完成大部分的简单劳动，生产线上需要的员工将大量减少，智能工厂里的员工更多从事的是设计、管理等具有技术含量和专业性较强的工作。智能制造的发展趋势对“智造型”人才的培养与成长提出了新的要求，使现有人才供给的矛盾与问题进一步凸显。技术技能人才从事一线生产、管理和服务工作，对技术和产品有实践经验，是制造业创新的主体，他们的创新直接推动技术的进步。智能制造背景下，职业领域将发生深刻变革，岗位要求随之改变，重复性动作技能的岗位逐渐减少，甚至被工业机器人所代替，智能化、个性化、柔性化的生产组织方式对技术技能人才的创新创业能力要求越来越高。智能制造对技术技能人才提出的新要求主要体现在以下几个方面：

1. 需要具备工匠精神

工匠精神具有精益求精、严谨专注、敬业创新等丰富内涵，“中国制造 2025”发展战略背景下，大批具有工匠精神的智能制造人才能够充分发挥创新创造精神，对产品的质量和服务进行精雕细琢，促进我国制造业的转型升级，促进由制造大国向制造强国的转变。

2. 需要具备研发精神和创新创造能力

创新精神和创造能力是智能制造背景下制造业人才的关键素质和基本能力。智能制造人才处于制造业的一线工作岗位，肩负着智能制造核心技术的研发、科技成果的转化创新、精密计量能力的创造等多项重任。

3. 需要具备信息技术应用能力

智能制造背景下，传统的流水线模式遭到了淘汰，大数据、云计算、工业机器人等先进技术已经在制造业的各个领域内广泛渗透，这就要求智能制造人才具备一定的信息技术应用能力，熟知大数据、云计算等智能制造信息技术方面的原理，具备相应的信息技术基础知识和应用能力。

4. 需要具备绿色制造技术能力

绿色制造是智能制造业未来的发展方向，它在注重生产效益提高的同时，强调对环境效益、绿色生态的重视。因此，智能制造人才还需要具备绿色制造技术能力，提高资源的有效利用率以及对环境污染的控制能力，促进智能制造业的绿色生态化发展。

二、智能制造未来发展人才需求趋势

智能制造属于传统制造与信息技术交叉的领域，从我国目前发展来看，尚处于起步阶段，未来对“智造工匠”的需求缺口巨大，当前及未来一个时期的任务，就是为智能制造产业输送“智能工匠”式人才，以促进中国制造真正实现转型升级。

随着产业技术在传统领域的应用和发展，物联网已经在智能制造、智能家居、智慧农业、智能交通和智慧医疗等领域得到较好应用。由于前景广阔、适用范围广泛，目前，我国在工业、农业、家居、物流等细分领域诞生了众多中小型企业，提供了许多项目规划设计、系统运维等技术技能型就业岗位，对“智造工匠”式的技术人才的需求也与日俱增。

此外，随着智能信息技术革新与进步，智能制造、工业互联网取得了长足发展，智能制造工程技术人员、工业互联网工程技术人员等智能制造新职业随之出现。

2020 年 3 月，我国人社部与国家市场监管总局、国家统计局联合向社会发布了智能制造工程技术人员、工业互联网工程技术人员、虚拟现实工程技术人员等 16 个新职业。这些智能制造新职业的正式发布，是从国家层面对这些职业的肯定，为行业人才的选用与培养明确了方向，是落实国家大力发展智能制造产业，推进技术技能人才建设的重要举措。近些年，随着人工智能概念的持续火爆，智能制造业相关岗位的人才需求出现供不应求、持续增长的趋势。这些“智造工匠”在智能制造业中承担的责任和发挥的作用越来越明显，可以预测，未来智能制造业对“智造工匠”人才的需求将持续增长。

第四节 “智造工匠”人才培养的理论基础分析

“智造工匠”人才培养是当前制造业转型和高等教育人才自身发展的迫切需要，但是，“智造工匠”人才培养不是无源之水、无本之木，需要建立在一定的理论基础之上，在先进理念和思想理论的指导下保持人才培养的正确方向。下面对“智造工匠”人才培养的理论基础进行详细分析（图 2–8）。

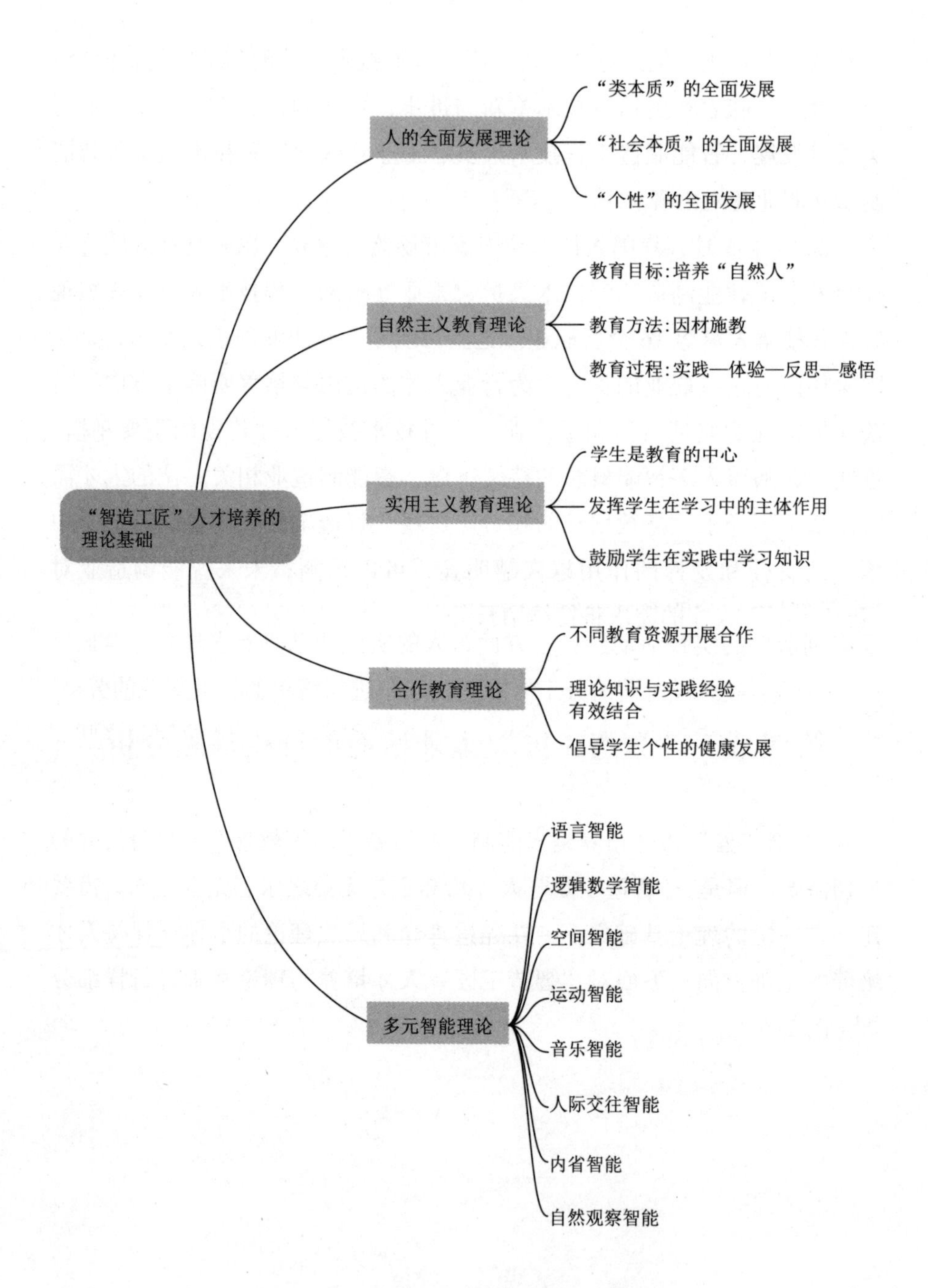

图 2-8 “智造工匠”人才培养的理论基础

一、人的全面发展理论

人的全面发展理论在马克思主义理论中占据着重要地位，是马克思价值目标的重要体现。人的全面发展理论是一个哲学概念，是个人全面发展、自由发展、充分发展的统一，指的是人从各种束缚中解脱出来，实现体力、智力、个性和交往能力的全面发展。马克思关于人的全面发展理论大体可以概括为以下三方面内容。

（一）“类本质”的全面发展

马克思认为，人的“类本质”是人的一种有意识的自由活动，即人的实践本质。人只有充分发挥自己所具有的“类本质”的特性，使实践活动得到充分发展才能称为人。一方面，人与动物之间存在思维能动性的本质区别，人能够自主发展自己的能力，充分发挥自己的才能，开展具有创造性的实践活动。另一方面，人的实践活动具有多样化、全面性的特点，不应该被所谓的分工所限制，只是进行简单的、重复性的劳动。人的全面发展应该是能够从事多种实践活动，可以在不同的部门之间进行劳动活动的转换，发展自己的兴趣爱好，以达到自主活动和自我价值的实现。

（二）“社会本质”的全面发展

马克思认为，人的“社会本质”的全面发展主要包括以下几方面的内容：其一，个人与他人之间的关系。个人不是独立存在的，而是与他人相互联系、互为依存的，只有正确处理个人与他人之间的关系，才能获得个人的全面发展。其二，个人的主要社会关系。个人的主要社会关系包括个人与家庭、个人与集体、个人与社会之间的各种关系。妥善处理以上各种关系，不仅是社会发展的需要，也是个人全面健康发展的需要。其三，个人的社会活动。个人存在于社会中，个人通过与他人、社会进行交往，通过各个社会领域的活动来突破个体各方面的局限性，实现自己的全面发展。同时，个人的全面发展和社会成员的全面发展是统一的，只有社会成员中的每一个人都获得了充分发展，个人才能实现自己的全面发展。

（三）“个性”的全面发展

马克思认为，人的“个性”的全面发展包括以下几个方面：其一，人的多种需要的满足。人的需要是全面而丰富的，是个人自身发展水平的一种体现。只有人的多种需要得到满足后，才能感受到自我价值，真正体会到生活的乐趣。人都有自我实现的诉求，只有这种高层次的诉求得以实现后，人才能获得积极的肯定，享受劳动自由带来的意义。其二，身心的全面发展。只有人的身心达到一种和谐统一的发展状态，才能在社会实践活动中实现自己的需要并不断完善自己。也就是说，不但要拥有健康的体魄，还要具有健全的心理，才能获得个体的全面发展。其三，个体潜能的发挥。人的潜能是在不断适应自然的过程中进化而来，是一直存在并且不断变化的。在旧式的劳动分工下，个体潜能被社会环境和其他因素所压抑不能充分发挥出来。我们应该在社会实践活动中不断开发自己的潜能，使其充分发挥出来。其四，精神道德观念和自我意识的发展。人在发展到一定程度之后，就会形成自己独立的意识和独特的精神道德观念，这也是人的“个性”全面发展的标志。

马克思认为，人和社会的发展是统一协调的，在旧的劳动分工方式下，人不能得到全面的发展。社会大工业时代的到来，为人的全面发展奠定了一定的物质基础。社会活动对人的全面发展担负着重要的职责，但是单一的学校教育不足以完成这一任务，只有和生产劳动相结合才能共同发挥作用促进人的全面发展。马克思关于人的全面发展的理论对“智造工匠”人才培养仍然具有重大的指导作用和现实意义。高校在“智造工匠”人才培养的过程中要注重学生德、智、体、美、劳的全面发展，将全面发展的理念贯穿于人才培养的全过程。需要注意的是，全面发展与个性发展是相辅相成的。人才在全面发展过程中有自己的个性和特征，个性的发展不是片面的，应该在全面发展的基础上重点发展。在“智造工匠”人才培养过程中既要注重学生的全面发展，又要尊重学生的兴趣和特长，为人才的个性化、多元化发展创造有利条件。要密切关注社会发展，关注社会经济发展对人才的需求情况，注重培养“智造工匠”人才的专业理论和先进技能，强调人才培养的多面性和行业性。

二、自然主义教育理论

教育语境下的“自然”指的是人的天性以及人身心发展的自然规律。自然主义教育理论强调人类天性的重要性，并倡导教育要顺应人类天性的自然发展，从而使人的身心得到自由的发展[1]。自然主义教育理论的代表人物是卢梭，关于他的教育思想，我们可以从教育目标、教育方法和教育过程三个层面进行分析。

（一）教育目标：培养“自然人”

此处的“自然人”是指能够顺应自然天性而培养起来的人。在卢梭看来，人的发展有其内在规律，教育应该顺应这一规律，并保护学生的自然天性，从而使学生顺着其身心发展规律成长和发展。卢梭认为，理想教育培养出的人应该是能够听从内心声音，按照自己思想行动的人；是能够独立思考，有主见的人；是心灵、理智、身体、道德、审美等各方面得到全面发展的人。当然，卢梭强调的“自然人”也是在一定社会规范下发展起来的人，他所强调的自由也是在自然规范下活动的自由，而非无所约束的自由。概言之，卢梭的自然主义教育理论是将人作为核心，教育的实施要以人为本，尊重人的革新，遵循人身心发展的内在规律，而不是压迫、强制学生学习，这样才能使学生成长为一个各方面都得到发展的“自然人”。

（二）教育方法：因材施教

在卢梭看来，教育要遵循人的身心发展规律，就需要了解不同阶段学生的身心差异，并由此确定不同的教育目标、教育方向和教育要求，

[1] 滕大春．外国近代教育史 [M]. 北京：人民教育出版社，2002：82.

即因材施教。卢梭依据人的身心发展特点，将教育划分为四个阶段：婴儿、儿童、少年和青年，不同的阶段应设定不同的教育目标、教育内容，并采取不同的教育方法。比如，婴儿时期（0～6岁）主要目的是使儿童有强健的身体，因此以体育为主要教育内容。儿童时期（6～12岁），孩子还处于感性认识阶段，要用"自然后果法"让孩子学会自省。少年时期（12～15岁）的教育任务主要是工作、教育和学习。卢梭主张让孩子自己去发现问题，主动学习，进而获得知识，培养孩子的学习能力及运用知识解决问题的能力。青年时期（16～28岁）的教育任务主要是道德教育、信仰教育和性教育，这一时期的主要目标是培养青年的情感、判断力和意志力，学会自律，远离不利于自己成长的诱惑。

（三）教育过程：实践—体验—反思—感悟

卢梭反对灌输教育，他认为学生是教育的主体，要让学生去自主地探索，并在实践中体验、反思、有所感悟，然后再进入下一轮"实践—体验—反思—感悟"的过程，如此反复。在卢梭看来，每个人天生便具有求知的欲望，教师需要呵护学生求知的欲望，并善于利用学生求知的欲望，让学生在求知欲的驱使下，自主开展实践活动，自主进行知识的探索，并通过对实践的反思有所收获。在现代教育中，很多学生之所以学习的兴趣较低，一个重要的原因就是教师忽视了学生发展的内在规律，缺乏对学生的有效引导，导致学生的求知欲被压制，进而影响了学生的成长和发展。因此，教师应转变传统的教学思维，在遵循学生身心发展规律的基础上，积极组织实践活动，通过实践让学生去发现问题、解决问题，并将知识内化为学生自己的能力，进而获得真正的成长。

卢梭的自然主义教育理论对"智造工匠"人才培养具有一定的指导意义，在教育实践过程中要遵循回归自然的原则，充分尊重学生的身心发展规律，促进其人格健全和和谐发展。教育应该使人性得到尊重，使人实现高度自由、快乐、均衡、和谐发展的教育。

三、实用主义教育理论

美国哲学家、教育学家杜威是实用主义教育理论的代表人物。实用主义教育理论的观点是“教育即生活”“学校即社会”“教育即经验的改造”，三者构成一个完整统一的体系。杜威认为教育要与社会生产相结合，校内学习要与校外学习联系起来。教育必须适应现实社会的需求，教育内容应与受教育者的实际需求相结合，传授实用的知识与技能。实用主义教育理论认为，学生才是教育的中心，重视学生的经验、兴趣和需求，强调学生发展的主动性、创造性，强调以学生为主体的教学实践；注重发挥学生在学习中的主体作用，教师的作用在于根据学生的特点和需求来组织和指导学生的活动，改变了传统教师本位的教育理念；主张建立合作、民主、平等的师生关系，教师要关爱学生、与学生为友，教师应向学生学习，教师应根据学生个性心理特点开展教育活动。实用主义教育理论强调“做中学”的教学模式，注重实践教学，鼓励学生在实践中学习知识，从而促进理论知识与实践动手能力的融合。

实用主义教育理论对“智能制造”人才培养具有深远的影响和重要的借鉴意义。首先是新型师生关系的构建。“智能制造”人才培养需要把学生从被动接受的桎梏中解救出来，使学生成为学习的主体，教师起到引导、帮助的作用。这是一种新型的、民主的师生关系。其次，要注重教学方法的改革。实用主义教育理论主张教师改变单一的教学方法，使学生单纯地“从听中学”转变为“从做中学”，积极主动并愉快地参与学习。

四、合作教育理论

合作教育理论是由美国俄亥俄州辛辛那提大学的工程院教授赫尔曼·施耐德教授开创的。合作教育理论倡导学校、企业和科研等不同教育资源开展广泛合作，发挥各自在资金、技术、知识等方面的独特优势，以促进学生全面素质和综合能力的提升。同时，高等教育要丰富课堂教学，采取有效的教育模式，使学生将课堂上学习到的理论知识与现实工作中的实践经验有效结合起来。合作教育理论结合了哲学方面和教育方面的理论基础，把学习与工作的关系比拟为认识与实践的关系，学生在课堂上的学习是对已有知识的认识，而工作上的学习主要通过实践来实现，实践过程同时也是对新知识的探索和学习过程。合作教育理论认为，师生之间是平等的，应建立相互信任、相互支持、相互合作的协作关系，摒弃权力与服从的关系。合作教育理论在教学目标上不提倡对知识单纯被动地接受，倡导学生个性的健康发展，在实践教学的实施上，主张多样化的合作方法。

合作教育理论为“智能制造”人才培养提供了理论指导和经验和参考。一方面，“智能制造”人才培养要注意理论与实际的统一。合作教育理论认为理论知识的学习绝不能脱离实践。只有理论联系实际，才能使学生了解理论知识与客观实际的具体联系，培养学生运用理论知识与实践的能力和方法，进而才能培养出适应社会发展的合格人才。另一方面，要进一步加强校企合作。高校与企业共同制订的人才培养方案，共同制订教学计划、教学内容，合理地利用学校和企业的双师型师资，最终达到企业的用人需求，实现预期的人才培养目标。在实践过程中与企业进行多层次、全方位合作，共同就专业建设、课程体系、师资建设、实训条件等方面不断进行调整和优化，依托企业实训基地条件，把学校的理论教学与企业的实践教学交替结合起来，培养企业所真正需要的“智能制造”人才。

五、多元智能理论

多元智能理论是由哈佛大学认知心理学家霍华德·加德纳提出的，他认为每个人都拥有八种智能：一是语言智能，指有效运用口头语言和文字的能力，即听、说、读、写的能力，表现为高效地运用语言或文字表达思想、描述事件和与他人进行交流。二是逻辑数学智能，指运用数字和推理的能力，它既涉及对抽象关系的认识和使用，也涉及计算、量化、思考命题、假设以及进行复杂数学运算的能力。三是空间智能，指对空间信息（如色彩、线条、形状、结构等）的知觉能力以及将知觉的信息加以表现的能力。空间智能可分为抽象的空间智能和形象的空间智能两类，抽象的空间智能为几何学家所特长，形象的空间智能为画家所特长。四是运动智能，指人调节身体运动以及运用双手改变物体的能力，表现为能够较好地控制自己的身体，在面对某些事情时能够做出恰当的身体反应以及正确使用身体语言表达自己的思想。五是音乐智能，指察觉、辨别、表达和改变音乐的能力，表现为对音调、旋律、节奏、音色的敏感性以及通过演唱、演奏、作曲等方式对音乐的表达。六是人际交往智能，指理解他人及其关系以及与他人交往的能力。人际交往能力主要包括四个要素：组织能力、协商能力、分断能力和人际联系能力，四个要素缺一不可。七是内省智能，指正确认识自己的能力，表现为对自己长处、短处的认知，对自己情绪、欲望、动机、意向的把控，对自己生活的规划等。八是自然观察智能，指认识周边自然事物（如动物、植物、自然环境等）的能力。自然观察智能可进一步引申为探索智能，包括对自然的探索和对社会的探索。

在“智造工匠”人才培养实践探索中，学校往往过于关注学生的语言智能和逻辑数学智能，但这两种智能并不是人类智能的全部，如果仅仅关注两种智能，显然是无助于学生全面发展的。此外，不同的人在智能表现上也存在差异，有的人空间智能较强，有的人语言智能较强，有的人人际交往智能较强。因此，了解学生的智能倾向，是教育学生的一个重要前提。

多元智能理论推翻了传统的智能理论，对于“智能制造”人才培养具有积极的指导意义。具体而言体现在以下几个方面：首先，对学生观的指导意义。在学生观上，多元智能理论认为，每个学生都是聪明的，但由于智能存在差异，所以在具体的表现上也会出现差异。对教育工作者来说，学生智能上的差异不是教育的负担，而是一种宝贵的资源，教师要学会用欣赏的眼光去看待学生，避免用一把尺子去衡量学生，而是要充分挖掘学生的智能，并施以正确的引导，从而使每个学生的智能都能得到良好的发展。其次，对教育观的指导意义。按照传统的智能理论来看，学生的智能表现在语言智能和逻辑数学智能两个方面，所以教师认为只要针对这两种智能开展教育，便可以使学生获得发展。不可否认，语言智能和逻辑数学智能是学生多种智能中重要的两种智能，但并不是全部，而且有些学生在这两方面并不擅长。因此，针对学生的教育不能采用统一的方法，而是要关注学生之间存在的差异，并根据学生的差异采取多样化的教学模式，这样既有助于学生智能的开发，也有助于学生学有所得、得有所长。最后，对人才培养目标的指导意义。高校人才培养目标是促进学生德、智、体、美、劳全面发展，而针对“智”的发展，在目标确定上，学校应认识到学生在智能上存在差异，不能将学生多个智能的同步发展作为目标，而是要结合学生的情况，将某个智能作为重点发展目标，将其他智能作为次要发展目标，这样才能最大限度地激发学生的潜能，并使学生获得应有的发展。

第三章 “智造工匠”人才培养模式的改革

第一节 “智造工匠”人才培养理念的转变

培养理念对“智造工匠”人才培养具有重要的指导意义和影响。在“智造工匠”人才培养过程中，高校要结合自身的实际情况，汲取和借鉴国内外“智造工匠”人才培养方面的先进经验，改变传统培养模式下不适应社会发展的相关理念，积极进行转变。具体如下：

一、树立以学生为主体的人才培养主体观

“智造工匠”人才培养过程中要树立以学生为主体的人才培养理念，学生在人才培养的过程中处于主体地位。学生是富有个性的、独立完整的、具有发展潜力的个体，在“智造工匠”人才培养过程中要充分尊重学生的个性，积极挖掘学生的潜能，以促进学生发展为出发点，充分调动学生的主观能动性，调动他们学习的积极性，促使学生更好地发挥自身优势和个性特点，实现个人潜力的开发和全面发展。具体可以从以下几个方面着手（图 3–1）。

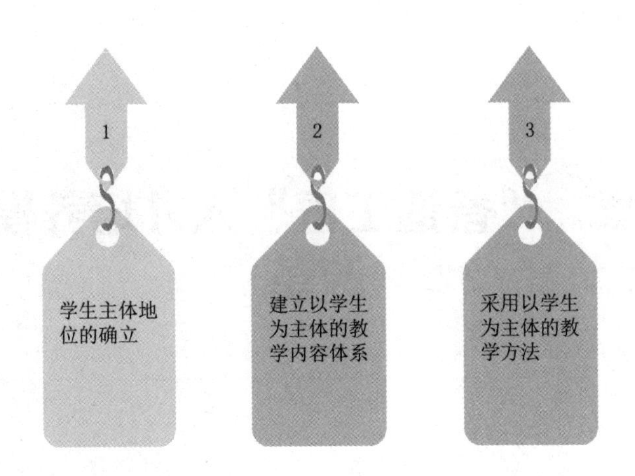

图 3-1　树立以学生为主体的人才培养主体观

（一）学生主体地位的确立

在“智造工匠”人才培养过程中，要强调学生对教学活动的参与性与亲自性，突出学生的主观能动性，激发学生的学习兴趣，把个体活动与集体活动相结合，促进教学质量提高的同时强调学生的个体认知和发展。给予学生一定的自由空间，学生的责任感往往产生于自主性活动中。学生要在教学中成为真正的主体，就要拥有一定的自主权，自觉承担起相应责任。此外，在“智造工匠”人才培养过程中，要做到从学生的实际出发，为学生的学习营造良好的环境，提倡师生平等和教学民主，充分调动学生参与到教学活动中，才能从根本上确立学生的主体地位，有效提升教学质量和人才培养的效果。

（二）建立以学生为主体的教学内容体系

“智造工匠”人才培养教学内容的编排要符合学生的特点，从学生的实际发展和需求出发，在注重学生基础层次的基本需求的同时，要兼顾学生高层次的成长需求，注重学生的素质提高和全面发展；既要注重学生相关理论知识的掌握，又要强调学生先进技术技能以及创新创造能力的培养；在注重学生整体化发展的同时，要兼顾学生个体间存在的差异性，针对个体差异对教学内容作出相应的调整，在确立学生主体地位、确保学生个性化发展的前提下，合理有序地安排教学内容，组织教学计划的开展，确保内容对“智造工匠”人才培养的有效构建。

（三）采用以学生为主体的教学方法

在“智造工匠”人才培养中，教师应该运用多种教学方法有效地调动学生积极性，使学生广泛参与到教学过程中来。教师要针对学生的实际需求，优化教学方式方法，制订合理的教学计划，激发学生的学习热情和学习动力，引导他们形成自主学习和自主思考的能力，形成良好的学习习惯。要强化教学活动中教与学的双向互动，实现两者的有机统一，良好的教学方法能够积极调动学生和教师两大主体共同参与，实现良好的教学互动，使课堂气氛更加活跃，最终促成教学的良好教育效果。

总之，“智能制造”人才培养过程中要全面提高学校的教学质量、创新人才培养模式，培养学生的自主学习能力、实践能力和创新精神，要重视学生的主体地位，鼓励学生在教学过程中主动探索、建构、体验和感悟，实现教学相长和人才素质的全面提高。

二、建立分层化的人才培养创新教育观

在“智造工匠”人才培养的实践过程中，除从共性方面进行创新精神和创新能力的培养外，还要建立分层化的人才培养创新教育观，针对智能制造不同类型的创新人才，建立分层化的人才培养创新教育观。一般来说，创新可以划分为三个层次：第一个层次是初级创新，指的是对于本人来说是前所未有的，但不涉及社会价值，大多数学生都具备这种初级创新的能力。第二个层次是中级创新，指的是经过模仿或改造，在原有的知识和经验基础上对材料进行重新组织，产生具有一定社会价值的产品。第三个层次是高级创新，也就是创造。创造是经过长期反复地探索和研究所产生的创新活动。结合创新层次化可以发现创新有简单与复杂、基础与应用等方面的区分，不同层次的创新活动具有不同的特点，

对创新主体的要求也存在差异，因此，在“智造工匠”人才培养的过程中要分层次推进，根据不同层次创新人才的特点构建具有针对性的人才培养目标和方案。

三、构建可持续发展的教育质量观

在“智能工匠”人才培养过程中，强调可持续发展能力的培养具有重要意义。在目前智能制造业加速发展、制造业技术技能人才短缺的大环境下，许多高校的课程和教学将就业作为专业和课程设置的导向，这样培养出来的人才在技术技能方面可能具备一定的优势，但是人文素养、综合能力等方面的缺失和不足将会导致学生可持续发展能力的不足。从长期发展来看，这种过分追求就业率的教育观念并不可取。“智造工匠”人才需要具有职业技能素质、职场应变素质、专业创新素质三个层次的素质。就业导向的教育质量观关注的是学生职业技能素质，生涯发展导向的教育质量观不仅关注学生职业技能素质，还关注职场应变素质以及专业创新素质。因此，教育质量观只有从就业导向转向生涯发展，重视学生关键能力培养，塑造学生终身学习和持续成长的能力，才能培养出适合社会发展需要的“智造工匠”人才。

四、确立遵循自然规律的人才成长观

在“智造工匠”人才培养过程中，不能存在急功近利的思想和价值取向，“智造工匠”人才是一项系统工程，需要长期潜移默化、润物无声的教育和训练过程，急功近利、追求立竿见影只能适得其反。因此，学校要重视“智造工匠”人才的培养过程，立足于培养过程，激励学生奋发向上、积极进取，鼓励学生勇于创新、敢为人先，培养精益求精、严谨敬业、创新进取的工匠精神和职业道德，摒弃功利化取向。只有遵循人才成长的自然规律，树立正确的人才成长观，才能走出一条“智造工匠”人才培养的康庄大道。

第二节 “智造工匠”人才培养内容的创新

“智造工匠”人才培养内容的创新涉及课程体系和课程内容选择等方面，合理的课程体系和课程内容对“智造工匠”人才培养具有重要的意义。“智造工匠”人才培养的关键在于构建科学、合理、优化的人才培养内容体系。

一、构建协同创新的课程体系

课程体系指的是在特定教育理念下，为了实现人才培养目标，将不同目标要素排列组合，并且利用不同形式组织实施[1]。“智造工匠”人才培养需要构建协同创新的课程体系，具体如下（图3-2）。

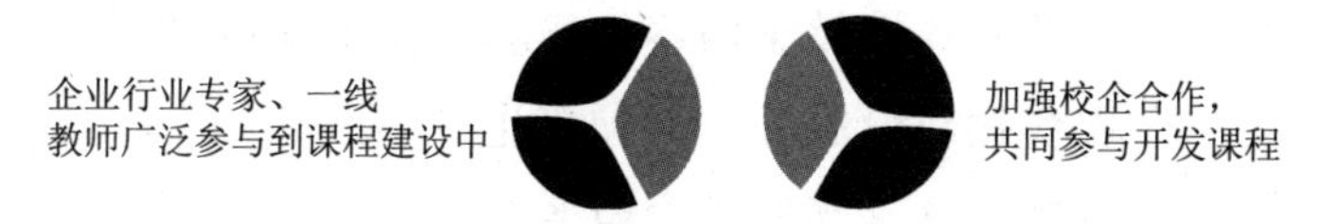

图3-2 构建协同创新的课程体系

（一）企业行业专家、一线教师广泛参与到课程建设中

在课程开发中要让企业行业专家、一线教师广泛参与进来。企业、相关行业专家处于智能制造业生产和管理的第一线，对智能制造的先进技术和操作流程最为了解和熟悉，他们加入“智能工匠”人才培养课程体系的开发，能够把握职业岗位与未来从业者的能力要求。可以有效防止开设课程与智能制造业生产实际脱节的现象，使课程的开设和课程内容的选择真正以工作岗位为基础，让学生真正学以致用，所学知识与实际应用达到最佳匹配。课程设置还要注重发挥教师的作用。教师在教育教学中起主导作用，是课程的直接相关者，是和学生接触最紧密的人。

[1] 周茂东，张福堂．高职专业课程体系构建探析[J]．职业技术教育，2013(14)：19–22.

同时，处于教学一线的教师对智能制造专业的有关情况、教材内容、教学情况具有深入的了解，并且有很多教师具有智能制造业相关的实践经验，他们的加入能够为“智造工匠”课程体系建设提供具有参考价值的经验和合理化建议。

（二）加强校企合作，共同参与开发课程

智能制造业相关专业具有很强的实践性，学校在“智造工匠”人才培养过程中要与企业密切联系，跟踪了解智能制造企业的相关行业动态、技术更新、先进生产设备和生产工艺的应用情况、未来发展趋势等相关情况，根据企业的实际需求对课程内容进行适时更新。“智造工匠”人才培养的教材要加强实训部分的内容，能够为智能制造业的职业岗位或岗位群提供服务。“智造工匠”人才培养的教材建设要尽可能以职业标准为主要依据，教材内容以“够用、必需”为原则，强调教材的职业性和实用性。校企合作开发实践性教学内容，培养学生的实践动手能力。教育必须为社会主义现代化建设服务，必须与生产实践相结合，要始终贯彻落实好这一教育方针，这是高职教育改革与发展的方向。高校进行“智造工匠”人才培养教材的建设可以组织聘请行业、企业一线的能工巧匠以及校内的“双师”教师，根据实际的教学需求以及实践教学、职业资格证书等要求，结合行业与企业的用人需求，并充分考虑现有的实训条件，编写能反映智能制造业特色的实习实训教材。实训教材要突出地方性、适应性和实用性，坚持理论与实践相结合，体现行业与企业生产岗位的最新发展趋势，并不断根据实际需要进行调整。高校与行业和企业的联合开发，不仅拉近了学校与企业的关系，有助于培养学生的职业素养和技术能力，确保实施产学研一体化人才培养，而且有助于“双师”教师队伍的建设，提高高职教师的业务能力和素质。技能的培养和训练重在实践，应紧密联系实际，将实践性的教学贯穿于“智造工匠”人才培养全过程，加大力度开发实习实训教材理应成为学校教材建设工作的重要一环。

二、课程结构要凸显职业能力以及工匠精神培养需要

学生学什么，老师教什么是课程的核心问题。“智造工匠”人才培养的课程结构要进行优化，不能按照传统的“基础课—专业基础课—专业课—实践课”课程结构模式加以组织。在“中国制造 2025”战略背景下，“智造工匠”人才培养的课程结构应该更加科学、合理，应当体现智能制造业的全面发展，将工匠精神的培养、智能制造业相关的知识、能力、素质等方面的要求体现在课程体系中，把“智造工匠”人才培养理念渗透到课程设置的方方面面。不但要注重对学生进行专业教育，培养其职业能力，而且要注重对学生工匠精神、人文素养、科学素养等方面素质的培养。“智造工匠”人才培养课程体系应该包括理论课程体系、实践课程体系以及注重工匠精神、人文素养、科学素养培养的素质教育课程体系。要注重学生之间存在的个体差异，适当加大选修课的比例，为学生的个性发展提供充足的空间，还要关注理论课程体系与实践课程体系之间的逻辑性和系统性，防止“智造工匠”人才培养的理论课程体系与实践课程体系之间出现相互脱节的现象，使两者之间形成一个相互补充、相互融合的有机整体。“智造工匠”人才培养需要建立工作过程导向的课程体系，破除当前高职人才培养中课程设置对本科院校的简单模仿和压缩，进一步立足于工作中具体的任务与从事工作所需要的终身发展的素养完善课程，促进课程实施中的工学结合与校企合作，将职业资格标准与课程标准结合起来，与行业企业深度合作，共同设计契合于人的终身学习和终身发展的课程[1]。

此外，“智能工匠”人才培养课程结构要结合智能制造业的人才需求情况，以就业为导向，时刻关注市场的需求和变化，建立基础宽泛、模块灵活的课程结构体系。一方面，“智能工匠”人才培养的课程体系结构要做到知识面宽、综合性强，相邻专业知识能够相互沟通、融合，强调

[1] 曹井新，张丽平．高等职业教育在构建我国终身教育体系中的对策研究 [J]. 继续教育研究，2008(9)：38-40.

课程衔接，符合学生学习的规律和知识系统化。另一方面，“智能工匠”人才培养课程结构体系要根据实际灵活调整，提高课程的岗位针对性、适应性和灵活性。课程的结构应尽量“模块化”，也就是各个模块的知识具有一定的可拼接性，根据不同的人才培养目标将内容剪裁、拼接成不同类型的知识体系。

三、课程内容要强调关键能力和特色的培养

“智造工匠”强调能力本位，要求具有良好的职业适应能力，能够适应不断发展的智能制造业的需要和产业复合化要求，具备工匠精神和创新能力的综合型人才，因此，“智造工匠”人才培养在课程内容方面需要强调关键能力的培养，课程内容方面要求进一步突出个性和特色。

“智造工匠”人才培养课程内容建设需要一个长期的过程，它不但要适应学校教育的发展，而且要紧跟智能制造业先进技术的时代步伐。随着课程体系由知识本位向能力本位的过渡，对人才的综合素质能力的要求越来越高。“智造工匠”人才培养课程内容要着重培养学生以下几个方面的关键能力：其一，垂直专业和跨界应用的能力。学生必须具备专业技能方面的深厚知识，通过对学校基础课程内容的学习来打牢根基。因为到了企业实际则需要跨界，产学的合作聚焦在学校专业基础与产业实践的平衡点上。其二，动手实践能力。要从高处着眼，小处着手，学生不仅需要具备专业知识与技能，也需要从小处着手，拿起螺丝刀干活的能力，只有在实践中才能发现问题，学以致用地提升自己的整体能力。其三，创新能力。要求人才不但要具有严谨的收敛性思维，也需要具备发散的创新性思维，能够突破原有思维，跨界寻求解决问题的方法与路径。其四，协作与沟通能力。协作与沟通不仅是技术层面的，也是能力层面的需求。对于智能制造业人才来说，准确有效、及时地与团队成员、客户进行沟通是避免问题未能及时发现而造成过程的返工、时间损失等，是效率的关键。

另外，“智造工匠”人才培养的课程内容要进行精心挑选，突出个性

和特色，加强校本教材的开发。校本化、自主化、特色化是校本教材的最大特色。学校要鼓励教师根据学校特色、专业特点、学生的兴趣爱好等，编制校本教材，使教师能及时把智能制造生产一线的知识、技术引入课堂中，使教学内容更加具有实用性、针对性、适应性。让课程内容关注学生个体，以个性化为终极追求，张扬教师和学生的个性，彰显学校特色。此外，“智造工匠”人才培养的教材亟待建立评价标准，完善教材评价体系。教材应当以能力本位、知识必须够用为原则，教材建设应制订教材分析、评价体系和质量的反馈机制，教材开发应当有一个试用环节，调研和跟踪教材试用情况，搜集师生的意见，不断地加以修改和完善。将学期选用教材的考核融入学生的评教系统或学生成绩查询系统，从而形成制度、形成规定、形成自然而然的一个教学环节，成为教材选用合格与否的主要依据。在教材建设中，需要完善教材评价体系，注意统一性与灵活性相结合，终结性评价与形成性评价相结合，宏观评价与微观评价相结合，单本教材评价与全套教材评价相结合，知识评价与能力评价相结合，认知因素评价与非认知因素评价相结合，实验评价与专家评价相结合。

第三节 “智造工匠”人才培养模式的优化

在“智造工匠”人才培养过程中，需要对人才培养模式进行优化，着眼于智能制造技术技能人才的自身特点和成长规律，注重学生综合能力的发展，采取多样化的教学方法，充分激发学生的学习兴趣，实现“智造工匠”人才在理论知识和实践技能方面的综合发展，具体从以下几个方面进行。

一、树立人才培养理念，引航人才培养的方向

技能教育、素质教育、创新教育是“智造工匠”人才培养的三大基

本方向，“智造工匠”人才培养要牢牢把握这三大基本方向，树立人才培养的理念。一是技能教育。技能教育是“智造工匠”人才培养的根本，“智造工匠”人才培养过程中要强调技能性和职业性，重视对学生实践能力的培养，提高学生的技术技能以及职业能力。二是素质教育。具有工匠精神和创造精神、能力素质高是对“智造工匠”人才的总体要求。这就要求学校在“智造工匠”人才培养过程中，要逐步构建起知识传授、综合能力提升、素质能力培养为一体的人才培养模式。教学要有所突出、有所引导、有所考核，将内化的素质教育融入教学之中。三是创新教育。在“智造工匠”人才培养中，不但要重视对相关技术技能的传授，更要注重对学生创新思维、创新精神和创新能力的培养。创新能力是智能制造业对高端技能人才的必然要求，因此，在“智造工匠”人才培养过程中，要尤其注重对学生创新意识的培养，激发学生的创新思维和创新欲望，重视学生创新精神和创新能力的培养。

二、深化教育教学改革，体现以学生为中心

在“智造工匠”人才培养过程中，要对教育教学进行全面改革，体现以学生为中心的人才培养特点，为人才培养营造良好的环境。具体如下（图 3–3）。

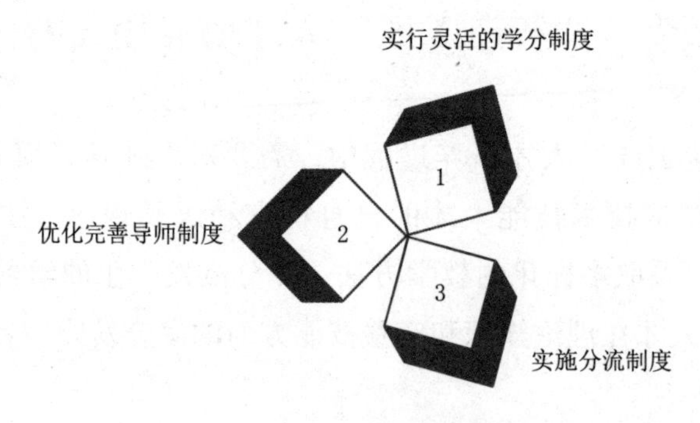

图 3–3　以学生为中心的教育教学改革

（一）实行灵活的学分制度

学分制度对“智造工匠”人才培养具有重要的启示作用，能够充分体现以学生为中心的理念。学分制度的基础是选课制度。选课制度允许学生在学校规定的课程范围内自由选择专业、选择课程、选择任课教师、选择上课时间以及自主安排学习进程等。在“智造工匠”人才培养过程中，要实行灵活的学分转换制度，不能将学分局限于“智造工匠”人才培养选修课程，而应该将相关的实践活动也归入学分的计算中，将学分分化到各种形式的课程之中。将学分制度与“智造工匠”人才培养充分结合起来，完善包括人才培养实践课程、人才培养相关活动在内的学分认定制度，将学生对实践课程的学习和参与相关活动都计入学分之中，进行具体的考核。此外，实行灵活的学分制应该设置大量的选修课。因为每个学生都是不同的个体，具有不同的兴趣爱好。学分制比学年制具有更大的灵活性，能够充分激发学生的积极性和主动性，使其个性特长得到进一步的发展。

（二）优化完善导师制度

优化导师制度是“智造工匠”人才培养的重要举措，具有重要的理论意义和实践价值。优化完善导师制度的主要目的就是对学生进行个性化、有针对性的培养，提高学生学习的积极性和主动性，进一步达到“智造工匠”人才培养的目标。在“智造工匠”人才培养过程中，导师制度需要进一步的完善和优化，首先，高校应该设立导师委员会，成立相关的领导小组，加强对导师工作的组织和领导。其次，导师的基本职责是帮助学生完成个人的人才培养计划和职业生涯规划的制订，对学生进行选课方面、学习方面、人格养成等方面的全面指导。再次，要采用多种方式的导师制度，将辅导员制度、班主任制度和导师制度结合起来灵活进行运用。最后，应对整个导师制度进行工作职责方面的完善，对受聘的导师进行工作量方面的核算，把考核的成绩作为评职定级的依据。

（三）实施分流制度

分流制度是遵循个性化教育的基本理念，在“智造工匠”人才培养过程中，要充分尊重学生的兴趣爱好和个性发展，并以此为依据来对学生进行分流，引导学生发展兴趣爱好和个性的基础上对学生进行分类培养。在“智造工匠”人才培养中，分流制度的实施需要进行合理设计，给予学生自由选择的自主权，将学生的兴趣爱好与专业人才的市场需求充分结合起来，结合学校的特色和教学资源优势，合理地做好分流工作。

三、调整人才培养规格，做好专业建设工作

高校要定期对智能制造相关行业的实际发展情况、人才需求状况等情况做好充分的调研，以便据此来调整人才培养的规格，做好专业建设工作。重点需要从以下两个方面着手（图3-4）。

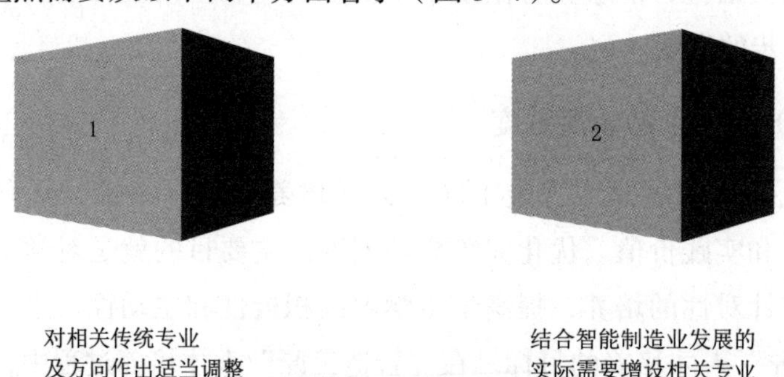

图3-4 做好专业建设工作

（一）对相关传统专业及方向作出适当调整

智能制造时代，高校需要结合时代的发展和企业的实际需要对制造业相关传统专业及方向作出适当的调整。随着智能制造业的发展，对综合性技能技术人才的需求将大幅增加，许多岗位对人才新技术、新技能的要求比较高，这就要求学校对传统专业的培养方式作出适当的调整，

如机械设计、自动化等传统专业，要强调学生对新技术、新技能的掌握和实践操作能力。

此外，像数控技术专业原来比较注重学生的单兵作战能力和动手操作能力，但是在智能制造背景下，这种单兵作战的技能人才逐渐被工业机器人所取代，对人才提出了新的要求，这就要求高校对相关专业作出调整，强调培养学生对智能制造生产链的操作、维护及管理能力，掌握机器人相关的开发技术及操作能力。

（二）结合智能制造业发展的实际需要增设相关专业

随着我国智能制造业的不断发展，势必会涌现出许多新兴的行业，对人才需求也会呈现相应的变化。高校应该结合智能制造业发展的实际情况，特别是新兴行业的相关情况设立增设相应的专业，如计算机控制工程、智能控制技术等新兴行业，这些新兴行业的设立能够顺应时代的发展，符合时代对人才培养的要求，有效弥补我国智能制造业人才供不应求的状况。

此外，随着智能制造产品需求和服务意识的提升，一些相关的衍生专业中将加入工匠精神、销售、服务等元素，培养一批适应智能制造业发展的新型“智造工匠”人才。

四、优化教学模式，提高人才培养的质量

在“智造工匠”人才培养过程中，需要进一步对教学模式进行改进和优化，加强学生对工匠精神的认识和情感层面的认同，重视对智能制造相关知识技能的掌握，调动学生的学习积极性，全面提高“智能制造”人才培养的质量。

（一）“智造工匠”人才培养常用的教学模式

在“智造工匠”人才培养中，常用的教学模式有合作学习教学模式、任务驱动教学模式、分层教学模式等。下面分别进行介绍（图 3-5）。

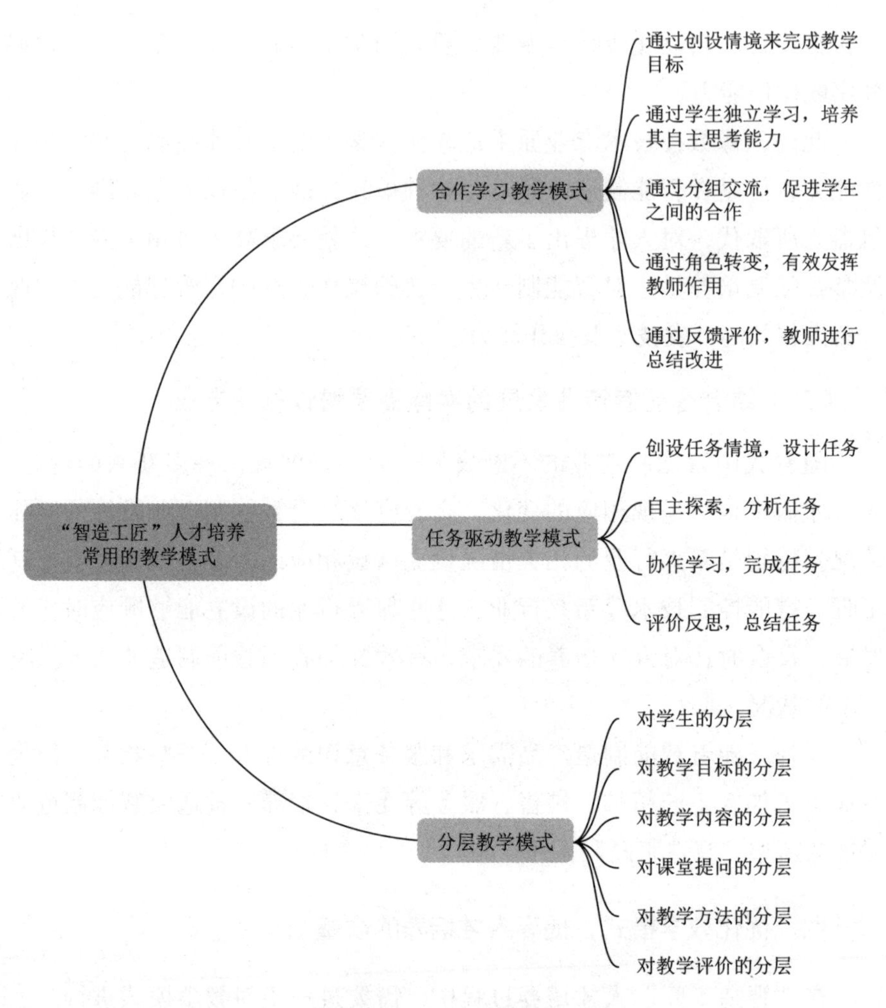

图 3-5 “智造工匠”人才培养常用的教学模式

1. 合作学习教学模式

合作学习教学主张尊重学生的人格和个性发展，通过老师与学生、学生与学生之间通力合作，以小组学习为主要手段来实现教学目的和人才培养目标的教学模式。合作教学模式是在教学理论与实践活动的开展中逐步形成并发展完善起来的，是指在教师的指导和学生的参与下，创设一种环境，使学生通过个人的努力或与同伴进行合作学习，克服困难，完成任务，促进学生交流与协作意识双重发展的一种教学形式。合作学习教学一般通过小组合作学习的基本形式来进行，充分利用教学动态因素之间的互动，在教师的指导和调控下，学生之间相互合作、相互帮助开展合作学习，促进教学目标和人才培养目标达成的教学活动。

在“智造工匠”人才培养中，合作教学模式的运用能促进学生主动学习和自主发展，有利于充分发挥学生的主体作用，培养学生的竞争意识、团队意识和创造性思维，通过小组成员之间的协作，使个体差异在集体教学中发挥积极作用。在“智造工匠”人才培养中，合作学习教学模式的具体实施过程如下：

（1）通过创设情境来完成教学目标。合作学习教学情境的创设，能够培养学生的合作意识，更科学合理地完成美育教学目标。

（2）通过学生独立学习，培养其自主思考能力。合作学习教学的开展是以学生的独立学习为基础的，只有个体具备独立学习的能力，才能促进合作学习教学的有效开展。教师在教学中要留给学生独立思考和学习的自由空间，允许学生根据自己的能力水平、个性特点，自主地、能动地、自由地、有目的地进行独立思考，自主地尝试解决问题，突出个性化学习，真正确立学生的主体地位。

（3）通过分组交流，促进学生之间的合作。通过独立学习阶段的自主思考，每个学生都构建了自己对事物的不同理解，再通过分组交流的方式，能够促进学生之间的合作，提高学生的团队合作意识和学习能力。通过分组交流的形式，小组成员对问题各抒己见，互相补充、互相启发，加深了每个学生对当前问题的理解；每个组员不仅自己要主动学习，还有责任帮助其他同学学习，互教互学，共同提高；在小组讨论的基础上进行全班交流，各组代表汇报本组合作讨论的初步成果，通过不同观点的交锋、补充、修正，达成共识、共享、共进，使每个学生体会到合作的力量，并在合作中增强交往能力。

（4）通过角色转变，有效发挥教师作用。在合作学习教学中，教师的角色发生了转变，由原来的传授者和训导者转变为学生学习的激励者、帮助者和合作者，这是合作学习教学取得成功的重要因素。在教学活动开展过程中，对于学生的积极行为和创造性思维，教师要发挥激励者的角色功能，给予充分鼓励和肯定；在学生出现观点错误和思维受到限制时，教师要及时给予必要的纠正和提示，发挥帮助者的角色功能；当学生受到认知水平的限制不能很好地完成教学任务时，教师要一起参与进来，与学生共同研究，一起解决问题，发挥合作者的角色功能。

（5）通过反馈评价，教师进行总结改进。在合作学习教学中，教师对反馈和评价要善于进行归纳和总结。这样做一方面有利于学生了解自己的学习成果，明白自己与目标要求存在的距离，从而激发学生的求知欲。另一方面反馈评价对学生在合作学习中的表现作出评价性的总结，评价的对象以小组为单位，评价的内容主要是合作小组的学习态度、学习方法、学习能力、学习效果等，要注意发挥评价的正面导向作用，对协作良好的小组予以表扬，教师对学生的见解给予分析、反馈，促使学生改善学习。总结合作成功的经验和不足，分析存在的问题及原因，并进行讨论，提出改进建议，使学生学会更好地合作。

2. 任务驱动教学模式

任务驱动教学模式指的是在课堂教学中，学生在教师的引导下，紧紧围绕一个共同感兴趣的任务，在强烈的想要完成任务的动机驱动下，通过主动应用美育教材、网络、学案等相关学习资源，进行自主探索和协作学习，寻求一定的方法和途径完成既定任务的同时，对所学的知识进行建构，培养创新意识和创新能力，提高解决问题的能力和自主学习的能力。

任务驱动教学模式以建构主义学习理论为指导，强调教师的主导地位和学生的主体地位，注重对学生分析问题和解决问题能力的培养。在“智造工匠”人才培养中，任务驱动教学模式的运用，能够以任务为载体，通过科学探究的情境创设，将所要学习的智能制造的知识蕴含在具体的任务之中，在教师的引导下，学生通过分析相关的问题，完成相应的任务，培养相应的能力。在“智造工匠”人才培养中，任务驱动教学

模式的具体实施过程如下：

（1）创设任务情境，设计任务。在“智造工匠”人才培养中，任务驱动教学的实施需要教师结合智能制造教学的相关主题来创设真实、开放的任务情境，情境的创设在任务驱动教学模式中具有重要的意义，它对教学的效果具有直接影响，恰当的情境创设能调动学生对学习的积极性和主动性，激发学生丰富的联想，唤起学生原有认知结构中有关的知识、经验及表象，从而使学生利用这些知识、经验及表象去“同化”或“顺应”所学新知识，发展自身能力。

（2）自主探索，分析任务。在任务驱动教学模式的实施过程中，教师要引导学生逐步提高自主学习的能力，针对教学活动中设计的任务，为学生完成任务提供各种认知工具、学习资料等有关线索。学生通过对任务进行深入分析，进行不同观点的交锋和思想的碰撞，加深对任务解决方案的探索。

（3）协作学习，完成任务。通过对任务的分析和深入探索，教师要引导学生寻找解决问题的思路、方法，学生通过对美育任务的自主探索，形成自己的观点。学生再经过相互间的交流和探讨，对观点的修正和补充，形成解决问题、完成任务的方案。

（4）评价反思，总结任务。在任务驱动教学模式的实施过程中，完成任务并不等于完成知识意义的建构，还必须对学习效果进行评价。恰当的评价可以对学生的发展产生导向和激励作用。在实施任务驱动教学模式时，教师要认识到对学习过程进行评价的目的并非区分学生的资质和优劣，而是促进学生的发展，为学生找到自己能力的增长点，从而帮助学生更好地改进学习方法，促进“智造工匠”人才培养教学目标的达成。

3. 分层教学模式

分层教学模式是指按照学生的学习基础和学习条件进行不同层次的分类，努力创设因材施教、分层指导的教学模式。具体来说，分层教学模式就是针对不同的学生进行教学对象的分层、教学目标的分层、教学内容的分层、课堂提问的分层、教学方法的分层、教学评价的分层等，最终目的是使全体学生都能在自己的学习能力范围内尽可能地掌握更多知识，培养独立思考问题和解决问题的能力。

分层教学模式能够改变传统较为单一的班级授课模式，突破了传统教学要求、教学目标、教学任务整齐划一的限制，更有助于进行因材施教，促进学生的成长和发展。“智造工匠”人才培养中分层教学模式的具体实施过程如下：

（1）对学生的分层。在“智造工匠”人才培养分层教学模式的实施中，学生是教学的主体，教师要充分尊重学生的主体性，最大限度地调动学生学习的积极性和主动性，使每一位学生都能够成为课堂的主人，做到主动学习、主动思考。教师要对学生各个方面的情况进行综合分析，在综合分析的基础上结合学生学习能力的不同进行科学的分层。

（2）对教学目标的分层。教学活动的进行就是为了实现教学目标，不同的学生的学习目标也是不一样的，所以需要根据不同层次的学生进行教学目标的分层。并且不同层次的教学目标是动态发展的状态，需要根据学生的成长和发展，进行恰当地调整，如达成第一层目标的学生会有早有晚，这时已达成目标的学生就可以进入第二层目标阶段进行深入学习，教师则专注于对剩余学生进行个别化教学和辅导，以便其能追赶进度并获得发展。

（3）对教学内容的分层。在分层教学模式的实施中，可以根据不同学生的实际情况、学习能力等，对教学内容进行规划和分层，以便形成针对性传授，更有利于激发学生的学习兴趣并生成学习动机。分层设置教学内容能推动学生在兴趣和学习动力的基础上进行内容的学习，从而更容易形成自主学习和提升的习惯。

（4）对课堂提问的分层。课堂提问能促进师生之间的互动和信息交换，通过课堂提问，教师能帮助学生快速了解课堂教学中的不足，从而有针对性地对学生进一步开展指导，以便学生更快掌握智能制造方面的知识和技巧。为了能激发学生的学习兴趣，教师应该鼓励所有学生积极参与到合唱指挥课堂教学中来，充分营造和谐的课堂教学氛围，使课堂充满生机。

（5）对教学方法的分层。分层教学模式在教学方法上也应该分层进行。对于基础较弱，学习积极性高的学生，主要以激发他们的学习兴趣为主，应该降低教学难度，培养他们学好的自信心。对于基础较好，且爱好学习的学生，更多的是教给他们学习的方法、训练的技巧，以帮助他们在最短的时间内学到最多的东西，提高教学效率。

（6）对教学评价的分层。教学评价的分层主要是针对学生进行其学习效果和学习水平的评价分层。教学评价分层的目的是挖掘学生的学习潜力，帮助学生正确认识自身，帮助教师更好地规划教学活动，以便实现因材施教和学生全面发展。

（二）“智造工匠”人才培养中新兴教学方法的应用

随着多媒体技术的飞速发展，微课、慕课、翻转课堂等新兴教学方法在“智造工匠”人才培养中得到了越来越广泛的应用，下面进行详细阐述（图 3–6）。

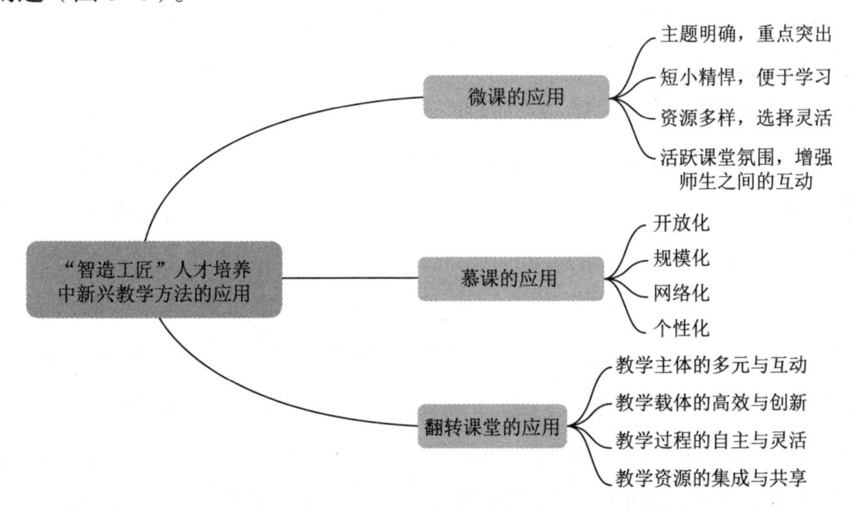

图 3–6 “智造工匠”人才培养中新兴教学方法的应用

1. 微课的应用

微课是指运用信息技术，按照认知规律，呈现碎片化学习内容、过程及扩展素材的结构化数字资源[1]。微课的主要构成要素是课堂教学视频（课件），同时包括教学设计、素材、教学反思、练习测试、教师反馈以及教师点评等与课件教学主题相关的辅助性教学资源。这些构成要素在一定的呈现方式和组织关系下，共同营造了一个半结构化、主题式的资源单元应用小环境。因此，微课作为一种新型的教学资源，是对教学课例、教学课件、教学设计、教学反思等传统单一资源类型的继承和发展，同时与其有着很大的区别，微课具有以下主要特点：

（1）主题明确，重点突出。微课的教学目标比较单一，是针对教学中的知识难点和疑点内容进行解决。一堂微课主要就一个主题进行说明，主题来源于教学实践中遇到的具体问题，包括教学反思、难点强调、学习方法、学习策略等具体真实的问题。微课只有主题明确、重点突出，才能在有限的时间内准确表达所要学习的内容，更好地激发学生的学习兴趣，方便学生系统全面地进行知识的学习和掌握。

（2）短小精悍，便于学习。首先，微课充分体现了“微”的特点。微课的时长一般在 10 分钟左右，有利于学生注意力的集中，不容易产生视觉上的疲劳。其次，微课的内容是课程精华的浓缩，往往围绕一个知识点或教学难点来展开，尽量做到浓缩化、精简化。微课短小精悍、内容容量较小，并且支持多媒体播放形式，可以将其保存到各种多媒体终端，学生可以利用碎片化时间，随时随地进行学习。

（3）资源多样，选择灵活。微课往往可以呈现多种多样的教学资源类型，视频可以由不同的制作方法制作而成，并且可以和图片、文字、音乐等资源形式进行整合，进一步提高学生对微课学习的兴趣。此外，学生在利用微课进行学习时，可以结合自己的实际需求和学习进度自主进行选择，对学习过程中遇到的疑点、难点内容可以选择反复学习，有针对性地学习，直到弄懂为止。

---

[1] 张显华 . 微课的课堂运用模式 [J]. 中文信息，2017(12)：128.

（4）活跃课堂氛围，增强师生之间的互动。微课作为一种新型的课堂形式，它的出现在满足学生知识渴求与猎奇心理的同时，能活跃课堂氛围，有效调动学生学习的积极性和主动性。同时，微课能有效改善传统教学模式中教学内容单方面输出的情况。在微课教学开展的过程中，教师与学生之间的互动得到加强，不仅及时收集了学生课程学习的兴趣点，同时对于学生存在的疑问，教师也能及时进行回答。这无疑会为教师课程后期的设计提供便利条件，使现阶段学生的知识渴求得到一定的满足，进一步提升“智造工匠”人才培养课程的教学效果。

2. 慕课的应用

慕课即 MOOC 的音译，英文全称为 massive open online course，意指大规模开放在线课程。慕课中的 M（massive），主要相对于传统的教学模式而言，是指大规模教学，对网络在线学习人数不进行限制；慕课中的 O（open）则是指慕课的开放性，对于学习对象没有明确的限制，学生只要具备学习兴趣，均可免费参与到慕课学习中；慕课中的 O（online）则是指在线学习，学生可以根据自己的实际情况，灵活安排学习的时间、地点等，同时在线学习的过程中，还可以与教师之间进行良好的互动；慕课中的 C（course）则是指慕课的课程。慕课主要利用互联网技术和大数据信息挖掘功能，将课程资源对学习者实行完全开放和共享，使教育资源得到充分利用，最大限度地发挥其价值。慕课这种新型的学习模式彻底打破了传统教学模式中的对学习时间、学习地点的限制，并使学生在学习的过程中，可以根据自己的需求，有针对性地选择学习的内容。同时，在慕课模式下，学生在学习的过程中，可以与教师之间形成良好的互动，不仅激发了学生的学习兴趣，也极大地提高了学生的学习效果。慕课教学的主要特点体现在以下几个方面：

（1）开放化。慕课的学习具有公开、自由的开放化特点，学习者不需要任何附加条件，只要具备上网条件就能够利用慕课进行学习。首先，学习对象开放化。学习者不受时间、地区、年级、文化、收入和班级的限制，都可以通过慕课随时随地进行在线学习。其次，教学形式开放化。

慕课平台支持学生在学习和讨论中使用各种社交学习软件，以及创建和共享一些对于自己学习有增益的资料。再次，课程和学习资料开放化。慕课课程含有多种丰富的教学资源，学习者在学习过程中获取资源的方式比较快捷，并且可以结合课堂需要和教学环境的改变而进一步变化，进行拓展和修正。最后，教育理念开放化。慕课的教育理念是让任何愿意学习的学习者不受时间、空间的限制进行学习，将高质量的教育资源与学习者联系起来，打破时空的孤立和限制。

（2）规模化。慕课与传统授课模式有所不同，学习者不受地域和人数的限制，都可以自由参与到慕课课程的学习中。首先，学习人数众多。慕课作为一个通过在线视频教授学生的大型开放式课程，在线学习的学生数量是巨大的。其次，拥有大量的优质教学资源。慕课在世界范围内已经获得了广泛发展，目前已经有数百所世界名校加入慕课平台的建设中，提供了大量的优质教育资源。这些优质教育资源可供学习者免费学习并共享。再次，所需工作人员众多。慕课的研发和创造包括完整的课程视频制作、上传到终端、及时回答问题以及组织学生参与对话。任何步骤都需要教学者提供专业指导，需要教育助理、开发人员和实验室助理等工作人员通力合作才能完成。最后，需要投入大量的资金、时间和精力。慕课通过互联网在全球范围内针对学习者需要进行高质量教授，因此平台需要充足的资金来支持。慕课课程还要求教师投入大量的时间和精力提供课程、设计教学，并与学习者在学习活动中讨论问题。

（3）网络化。慕课的网络化特点首先体现在通过网络的知识讲座和解释中。慕课开设者对慕课的内容进行审核之后，可以没有时空限制地将课程上传到指定的慕课平台，供学习者自由无障碍地参考学习。其次，慕课的网络性特征还体现在线上自由学习和讨论学习多种学习模式共存，学生可以自由地选择适合自己的学习方式。最后，慕课系统通过学生的浏览痕迹对学习者日常的学习行为进行记录和分析，管理者能根据这些记录了解学生的学习情况，从而对课程进行调节，为学生提供更好的学习资源。

（4）个性化。慕课的个性化特征体现在三个方面：首先，学生可以完全进行个人的学习。学习者可以通过教学平台选择学校中没有开设且自己感兴趣和需要的课程，根据自己的时间和空间安排学习计划。其次，课程目标的多样化推荐。平台有多种学习模式供学习者选择，学生可以根据自身需要规划自己的学习目标。最后，针对课程资源的个性化建议。平台基于学习者日常的学习痕迹，对学习行为进行分析和总结，推荐众多与学习者日常学习有关的学习资源供他们选择和参考，从而大大节省了学习者的时间。

3. 翻转课堂的应用

翻转课堂译自 flipped classroom 或 inverted classroom，也可译为“颠倒课堂”，是指重新调整课堂内外的时间，将学习的决定权从教师转移给学生[1]。在翻转课堂教学模式下，课堂内外的教学时间被重新调整。学习的决定权不再属于教师，而是由学生来掌握。学生在课堂教学开始前和课堂教学结束后，可以通过观看视频讲座、收听播客、阅读电子书等方式来进行学习，还能通过网络与别的同学进行讨论，随时去查阅自己需要的资料。而在课堂内的宝贵时间，教师不再消耗大量的时间进行知识的讲授，学生也能专注于学习活动的开展。教师能有更多的时间与学生一起交流，研究解决学习中遇到的实际问题，从而对知识有更深层次的理解。在这种模式下，学生自主规划学习节奏、学习内容、学习风格和呈现知识的方式，教师则采用讲授法和协作法来帮助学生促成他们的个性化学习，最终目的是通过实践活动保证学生学习活动的真实性。翻转课堂是对基于印刷术的传统课堂教学结构与教学流程的彻底颠覆，由此引发教师角色、课程模式、管理模式等一系列变革。翻转课堂教学的主要特点如下：

（1）教学主体的多元与互动。翻转课堂颠覆了传统的课堂教学模式，教学主体由单一化向多元化转变。在翻转课堂模式下，教学主体不仅是

[1] 文倩 . 翻转课堂的教育心理学基础探析 [J]. 课程教育研究 (学法教法研究),2018(16): 43-44.

教师和学生，还包括学校、社会和家庭的共同参与，呈现多元化的特点。采用翻转课堂模式，学生在家通过教学平台先完成知识的学习，使课堂变成老师和学生之间互动的场所，包括答疑解惑、完成作业等，从而达到更好的教学效果。另外，在翻转课堂模式下，教师从传统课堂中知识传授者的角色转变为学生的促进者和指导者，教师不再是知识获取的唯一来源，以学生为中心的教师、学校、社会、家庭的多主体知识体系逐渐形成，教学主体之间实现了民主平等的互动模式，在教学过程、课堂内外、教学方式等方面都呈现互动、协商的特点，师生之间的关系更为和谐、课堂更为人性化、家长的参与度更高。

（2）教学载体的高效与创新。传统课堂往往以语言与教材作为教学的主要载体，翻转课堂突破了这种局限，借助信息技术，通过微视频的方式构建了教学载体的新形式。微视频短小精悍，突破了教学时间和空间方面的限制，提供了海量的优质信息资源供学生选择和学习，学生可以通过观看微视频，在网上进行问题的交流和讨论；教师可以结合反馈的问题，有针对性地开展课堂教学；师生之间开展探究和互动加深对知识的理解，全面提高了“智造工匠”人才培养的教学效率。

（3）教学过程的自主与灵活。教学过程是指教学活动中，教师的“教”和学生的“学”的开展过程，在这一过程中，教师、学生、教学方法、教学内容等各种要素在一定程度上都会对教学效果产生影响。在翻转课堂模式下，学生可以结合自己的知识水平、学时进度等实际情况，自主选择教学内容进行学习，学生对自己的学习负责，通过学习目标的确立、学习进度的自我监督、学习效果的自我评价来自主构建学习过程，完成对学习的相关决策并付诸实践。

（4）教学资源的集成与共享。翻转课堂通过信息技术的支持，将文本资源、图像资源、动画资源、声音资源和视频资源等分散的教学资源进行整合，共同为教学主体提供服务，体现了集成性的特点。这些集成性的资源构成了翻转课堂理论知识资源和实践经验资源的内容体系，具有数量大、全面性的特点，极大地丰富了“智造工匠”人才培养课堂教学的内容。同时，这些集成性的教学资源不断进行更新、重组，体现了其动态可持续发展的态势。此外，翻转课堂的教学资源还呈现共享性的特征。在微视频的支持下，翻转课堂的实施为教学资源的共享提供了条件：在课堂前，将所有教学资源进行师生共享，为知识信息的传递提供了便利。在课堂上，为师生等教学主体提供资源交流的机会，实现知识信息的深化。且翻转课堂大量的教学资源以微视频的形式展现，学生通过简单的操作就能实现教学资源的共享，可以获取自己所需要的课程资源。

慕课、微课、翻转课堂等新兴教学方式为“智造工匠”人才培养教学注入了活力，将教学方法与现代信息科技有机结合起来，为“智造工匠”人才培养教学创新指明了全新的发展方向，促进了教学效果的提高和人才培养质量的提升。

第四章　“智造工匠”人才培养机制的创新

第一节　“智造工匠”人才培养运行机制的创新

在“智造工匠”人才培养机制的创新中，运行机制的创新是关键，它是“智造工匠”人才培养机制的核心组成部分。运行机制是否科学合理对“智造工匠”人才培养的质量具有直接影响。

一、“智造工匠”人才培养运行机制概述

运行机制是指一个组织生存和发展的内在机能及运行方式，是引导和制约组织活动并与人、财、物相关的各项活动的基本准则及相应制度，是决定组织行为的内外因素及相互关系的总称。[1] 在“智造工匠”人才培养过程中，各个要素都发挥着重要的作用，且各个要素之间相互联系、相互作用，为了保障“智造工匠”人才培养工作的高效实施，必然需要建立一套灵活、协调、高效的运行机制。“智造工匠”人才培养运行机制既有与其他机制相同的共性，也有自身的独特性，其特点具体可归纳为三个方面：开放性、协同性和长效性（图 4–1）。

[1] 刘曙霞. 地方应用型本科高校工商管理学科“U–G–E”协同育人的模式与运行机制研究 [M]. 北京：中国经济出版社，2019：223.

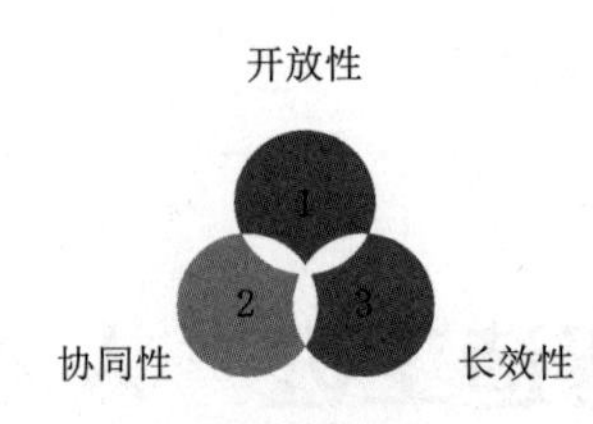

图 4-1　“智造工匠”人才运行机制的特点

（一）开放性

“智造工匠”人才培养是一个复杂的系统，但同时是一个开放的系统。其在运行的过程中，并不是封闭的，而是开放的，它需要与政府、企事业单位、社会组织、家庭等保持合作，从而在多方的协调下推动工作健康、有序开展。此外，在“智造工匠”人才培养过程中，高校应该秉持开放的态度，吸收社会上其他力量的加入，从而构建一个更大的共享机制和共享平台。

（二）协同性

根据协同理论可知，系统整体的运行与各子系统的协同与否有着很大的关系，当各个子系统能协同运行时，就可以产生 1+1>2 的效果；反之，如果各个子系统之间相互割裂，会导致内耗的增加，各个子系统必然难以发挥其应有的效用，整个系统的运行也会陷入无序的状态。“智造工匠”人才培养运行机制具有鲜明的协同性的特征，主要体现在两个方面：一方面，“智造工匠”人才培养过程中需要协同包括学校、政府、企事业单位、社会组织、家庭等在内的多个育人主体；另一方面，“智造工匠”人才培养机制需要协同包括课堂内容、实践内容等在内的多方面内容，而且由于不同年级阶段的学生存在差异，所以还需要针对不同年级阶段学生的特点形成不同的教育内容，而不同年级阶段学生的教育内容也需要协同，从而形成一个规范的内容体系。总之，在“智造工匠”人才培养机制运行的过程中，既要求各个环节的“无缝”对接，又要求各个主体之间的有效协同，这样才能确保“智造工匠”人才培养运行机制的高效性。

（三）长效性

“智造工匠”人才培养是一项复杂的工程，也是一项长期且艰巨的工程，绝不是一蹴而就、一朝一夕可以完成的，其运行机制具有长效性的特点。“智造工匠”人才培养机制运行要实行常态化的教育形式，并秉承科学化、规范化的原则，培养学生的工匠精神、综合素质和综合能力，确保“智造工匠”人才培养机制的长效性。

二、“智造工匠”人才培养运行机制的影响因素

在“智造工匠”人才培养过程中，其运行机制的影响因素较多，其中主要的影响因素有人才培养主体、人才培养客体、人才培养环境、人才培养内容四个方面（图 4–2）。

图 4–2 “智造工匠”人才培养运行机制的影响因素

（一）人才培养主体

主体指对客体有认知和实践能力的人，是相对于客体而言的。在“智造工匠”人才培养运行机制中，教育者和学生都是不可缺少的主体，而且相较于教育者这一主体而言，学生的主体作用更加重要，教育者应注重学生主观能动性的调动，引导学生积极参与“智造工匠”人才培养活动，接受教师教育并积极进行自我教育，自觉发展自我、完善自我。当然，教师作为人才培养主体之一，发挥着引导、帮助的作用，他们需要在学生发挥主体作用的过程中加强对学生的关注，并在学生需要的时候予以必要的帮助，从而帮助学生更好地成长和发展。

（二）人才培养客体

客体指客观存在的世界，具体到“智造工匠”人才培养中，客体指的是经过教育者对客观世界的选择而提供给学生的教育资源，包括人才培养的方法、人才培养的内容、人才培养的载体等。人才培养客体作为“智造工匠”人才培养运行机制的要素之一，需要具有鲜明的时代特征，这样才能对学生产生具有时效性的影响。因此，“智造工匠”人才培养过程中，应不断地对人才培养客体进行创新，注入新的工匠精神、先进智能技术等时代元素，并通过开展内容丰富、形式多样的人才培养活动，将“智造工匠”人才培养目标渗透到活动的每一个环节中，使学生在活动中，不断地深化认知、完善自我，最终全面提升自身的综合素质和综合能力。

（三）人才培养环境

人才培养环境是指高等学校在建设和发展中所形成的校园自然环境、物态环境、文化环境和学校制度环境的总和，包括办学中的硬件与软件、外显文化与隐性文化[1]。人才培养环境是“智造工匠”人才培养运行机制中的要素之一，在“智造工匠”人才培养中发挥着重要作用。具体而言，其作用主要体现在如下两个方面：一方面，人才培养环境是人才培养活动赖以存在的必要条件。“智造工匠”人才培养活动是在一定的环境中进行的，无论是家庭教育，还是校园教育，都离不开各自的环境因素，如果离开了人才培养环境，人才培养活动也就失去了赖以生存的土壤。另一方面，人才培养环境是实现人才培养目标的客观手段。学校要实现“智造工匠”人才培养的目标，校园文化建设、教育制度建设等都是至关重要的，缺少了这些客观手段，“智造工匠”人才培养目标的实现无疑会变得非常困难。

此外，从微观角度来说，人才培养环境对学生具有价值引导、规范约束、精神陶冶、群体凝聚、心理构建等作用。因此，“智造工匠”人才

[1] 李进才．高等教育教学评估词语释义 [M]. 武汉：武汉大学出版社，2016：3.

培养中加强对人才培养环境的建设至关重要。

（四）人才培养内容

“智造工匠”人才培养的内容主要是指在人才培养过程中，运用什么载体、开展什么活动以达到“智造工匠”人才培养的目的。“智造工匠”人才培养所涉及的内容非常丰富，从大类上分主要包括理论课程教学和实践教学两大部分，而每一大类又包含诸多内容。不同实践内容的要求与运行方式往往存在一定的差异，而且对学生发展所起的作用也不同。此外，学生对实践内容体验得深刻与否也会影响学生的认识，通常体验越深，学生越能将体验中的认识内化于心，人才培养的成效也越发凸显。因此，在“智造工匠”人才培养过程中要构建长期与短期相结合、学科优势与实际需求相结合、人才培养目标与活动组织体系相结合的立体化、综合化、全面化的人才培养内容体系，从而最大限度地提高人才培养的成效。

三、“智造工匠”人才培养运行机制创新的具体策略

“智造工匠”人才培养运行机制作为人才培养的核心部分，是对以目标机制为基础的课程体系的具体体现。“智造工匠”人才培养运行机制创新的具体策略如下（图 4-3）。

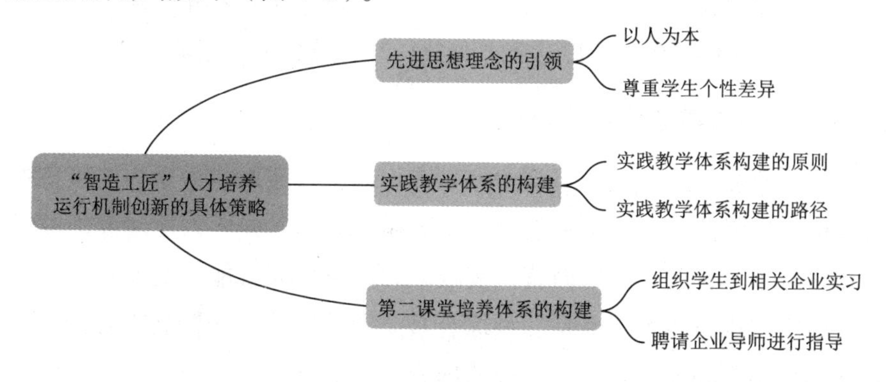

图 4-3 “智造工匠”人才培养运行机制创新的具体策略

（一）先进思想理念的引领

理念是行动的先导，有着怎样的理念，便会产生怎样的行为。在“智造工匠”人才培养过程中，理念是引领“智造工匠”人才培养工作运行的核心思想，所以树立正确的育人思想理念就显得尤为重要。“智造工匠”人才培养在理念上需要从教育本质、教育规律和教育现状三个维度出发，处理好共性与个性、特殊性与普遍性、面和点之间的辩证关系，树立以人为本、尊重学生个性差异、注重特色发展的人才培养理念。

1. 以人为本

以人为本是“智造工匠”人才培养的基本思想理念。其实，从教育的本质看，其核心就是人（学生），如果离开了人这一主体，教育的价值和意义都将无从依附。因此，在“智造工匠”人才培养的过程中，要始终坚持以学生为中心、以学生为主体、以学生为目的，关注每一个学生的特点和需求，将学生培养成全面发展、对社会有用的人才。

2. 尊重学生个性差异

在“智造工匠”人才培养过程中，要尊重学生客观上存在的个体差异，包括性格、兴趣、能力等多个方面，而每个差异都可能带来发展需求的不同。面对不同的发展需求，“智造工匠”人才培养工作也需要植入个性化、差异化的人才培养理念，从学生客观存在的差异出发，组织开展不同的人才培养活动，以达到差异化、个性化的人才培养目的。

（二）实践教学体系的构建

在“智造工匠”人才培养中，对知识的实践应用能力是人才素质的组成核心，因此，人才实践能力的培养是“智造工匠”人才培养的关键所在。对于“智造工匠”而言，实践能力不仅代表智能制造业相关的技术技能实践操作能力，更是一种综合素质和整体能力的体现，它涵盖了教育、哲学、心理学等多个方面的内容。从心理学角度来说，实践能力是指人运用知识和技能来解决生活中的实际问题的能力，反映的是人从事实践活动的心理特征；从哲学角度来讲，是指人作为主体进行的有目的的自觉的改造客体的能力，反映的是人的主观能动性作用于客体的一种活动过程；从教育学角度来看，实践能力是指学生通过专业理论知识的学习，能够运用所学知识在社会生活中努力适应并不断解决实际问题的能力。“智造工匠”人才的实践能力主要指学生利用所学知识在智能制造业中发挥技术技能，促进智能制造业发展的一种综合运用能力，包括学生的基本能力、专业能力和解决问题能力。实践能力是个体能力综合性的发展过程，也是一个由低到高、由简单到复杂的创新能力的生成过程。

1. 实践教学体系构建的原则

“智造工匠”人才培养教学体系的构建需要坚持以下原则（图 4-4）。

图 4-4 “智造工匠”人才培养实践教学体系的构建原则

（1）以实践应用为核心。实践应用是“智造工匠”人才培养的核心体现和必备的能力特征。“智造工匠”人才可以直接适应相应职业和社会岗位的需求，具有较强的专业应用能力。因此“智造工匠”人才培养实践教学体系的构建应着眼于“基础”，强调实践应用，注重智能制造专业技能方面熟练能力的培养。

（2）以实际需求为导向。“智造工匠”人才培养必须以实际需求为导向来构建实践教学体系。首先，“智造工匠”人才培养的教学课程需要结合社会应用需求来设置，实践课程培养学生的实践操作能力、技术技能取向明显，注重理论应用实践的分支领域。其次，“智造工匠”人才培养实践教学需要根据社会实际需要来构建。专业的设置一般有两个参考依据：社会需求和学科分类。由于“智造工匠”人才对社会有较强的直接适应性，所以“智造工匠”人才培养实践教学构建相对来说更倾向于社会需求。最后，在“智造工匠”人才培养实践教学构建中，需要根据社会需求来调整专业方向。社会需求是不断变化的，要以不断变化的社会需求为导向来适当调整专业方向。

（3）以产学研为基本途径。产学研结合的培养模式是“智造工匠”人才培养的重要途径。产学研指的是高校、政府、科研单位以及企事业单位等多方合作，以实现人才培养、科学研究和社会服务三大功能。我国高校和科研单位在智能制造方面具有科技资源的优势，但相对而言，科技的创新与市场的需求不能有效对接，科技转化成果率偏低。产学研结合是实现“智造工匠”人才培养的必然途径，只有构建以产学研为基本途径的实践教学体系，才能不断提高科研水平和服务社会的能力，才能使“智造工匠”人才培养与社会发展相适应。坚持产学研结合的“智造工匠”人才培养途径，与科研单位和企业密切合作，大力发展实践教学中应用型学科的建设，提高教师的科研能力和应用能力，才能为培养高素质智能制造业人才奠定坚实的基础。

（4）以改革创新为动力。“智造工匠”人才培养实践教学的创新是激发学生学习积极性、主动性和实现课程目标的重要措施。在“智造工匠”人才培养实践教学中，应该注意采用启发诱导交互式的情境教学方法，注重理论与现场实践教学的结合，形成“教、学、练”一体化的实践课程教学体系。实践教学尽量选择在实践基地或工作现场来完成，通过真实的情景模拟教学法，将实训内容和相关案例引入实践教学中，通过“教、学、练”相结合的模式促进学生形象思维的发展和有关认知技

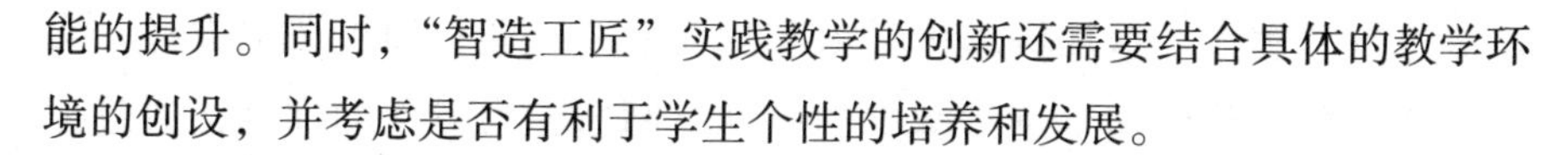

能的提升。同时，"智造工匠"实践教学的创新还需要结合具体的教学环境的创设，并考虑是否有利于学生个性的培养和发展。

2. 实践教学体系构建的路径

"智造工匠"人才培养实践体系的构建路径具体包括构建人才培养的目标体系、整合更新实践教学内容体系、优化实践教学管理体系、完善实践教学保障体系等方面的工作。

（1）构建人才培养的目标体系。"智造工匠"人才培养的目标体系指的是在实践教学过程中确定的，各专业根据人才培养目标、培养规格、社会工作岗位的具体要求等，结合本专业的实际情况和具体特色所制订的总体目标以及各实践教学环节的分教学目标的总称。"智造工匠"人才培养实践教学的核心目标是提高学生对知识的应用能力和综合素质。各个实践教学环节的分目标需要教师根据实践教学过程中的教学进度、学生掌握情况等来进行制订。实践教学总目标和分目标之间是彼此联系、相互影响、相辅相成的关系；实践教学的总目标是分目标的方向和引领；实践教学的分目标是总目标实现的基础和必不可少的环节。在实践教学目标体系中，要注重学生职业素质和职业能力的培养，不但要传授给学生先进的职业理念和技能技术，更要注重对学生工匠精神和良好职业道德的培养。此外，需要以发展的眼光来构建"智造工匠"人才培养目标体系，在实践教学过程中，应该用发展的眼光来制订能力培养目标，引导学生学习智能制造业高端技术技能，确保学生的职业能力可以满足不断变化的企业的发展需求。

（2）整合更新实践教学内容体系。在"智造工匠"人才培养实践教学中，内容体系具有举足轻重的作用，对教学目标的实现起到重要的影响作用。在对实践教学内容进行设计时要遵循由浅到深、由简单到复杂、由单项到综合的原则，循序渐进、有计划、有目的地提高学生的实践能力。实践教学内容体系一般由课程实践环节、课内集中实践和第二课堂实践教育三部分组成，具有由课程实践和相对独立设置的实践环节相结合，从认识、操作到综合创新逐层深入的实践教育特色。通过课程实验、技能操作等实践环节加深理论学习和提高实践技能；通过课程设计、实习、实训等环节使学生进行基本的设计、制造能力方面的训练；通过综合实训和毕业设计等环节实现对学生综合能力的培养；以技术技能大赛、创新创业大赛等实践环节为主渠道提高学生的创新能力。在提升学生全面能力的同时，重点突出学生实践操作能力和对智能制造相关专业知识的应用能力，使学生做到“基础全面，特点突出”，使实践教学体系成为“智造工匠”人才培养的重要保障。

（3）优化实践教学管理体系。“智造工匠”人才培养实践教学管理体系是指管理机构和人员、管理规章制度、管理手段、质量监控和评价指标体系的总和。实践教学管理体系在整个实践教学体系中起着反馈和调控作用。实践教学与理论教学有很大的不同，在实践教学过程中，受到的影响因素比较大。并且，实践教学的管理范围、管理难度相对来说比较大，需要从组织、结构和技术等方面来进行多重保障。在“智造工匠”人才培养实践教学过程中，各个要素之间需要在制度的约束和规范下加以控制，实践教学的目标、内容、方法等方面都需要制订相应的标准和依据，严格按照相关制度来进行管理。

（4）完善实践教学保障体系。“智造工匠”人才培养实践教学保障体系是由双师素质教学团队、实习实训基地、教学设备和学习环境等组成的支撑保障体系，是影响实践教学质量的重要因素[1]。实践教学保障体系作为“智造工匠”人才培养整个实践教学活动构成要素的最后一步，在整个教学活动中起到关键性的作用，是教学活动开展的有力保障和重要防线。“智造工匠”人才培养实践教学保障体系，需要一批综合素质较高的教学队伍来进行执行和维护。此外，构建高质量的实践教学保障体系还需要具备较为先进的硬件条件。为整个教学活动做好充分的准备和基础，避免在实行过程中出现疏漏，这是我们进行实践教学活动的最重要因素。

---

[1] 李文龙．高职双轨制实践教学体系的构建与实践 [J]．中国职业技术教育，2014(17)：42–44.

（三）第二课堂培养体系的构建

第二课堂指的是在学校的统一管理和教师的指导下开展的第一课堂之外的各类教育实践活动。在“智造工匠”人才培养过程中，第二课堂不仅是第一课堂的有益补充，而且是“智造工匠”人才培养运行机制的重要内容。在“智造工匠”人才培养过程中，要积极搭建校企合作平台，通过组织学生到相关企业实习和聘请企业导师进行指导的方法，协同培养智能制造业先进人才。

1. 组织学生到相关企业实习

“智能工匠”人才培养要适应时代发展的需要、适应高速发展的智能制造业的需要，就必须改变传统的课堂教学模式，充分利用企业作为第二课堂的实践优势，将第一课堂与第二课堂充分结合起来，才能培养出优秀合格的智能制造业人才。

2. 要聘请企业导师进行指导

在“智造工匠”人才培养过程中，要加大企业导师的引进力度，发挥企业导师在第二课堂中对学生实践能力的培养和指导作用。从智能制造相关企业中选拔有实际工作经验的高级技术人员作为学生第二课堂的实践指导教师，有利于学生实际动手能力的提高。此外，还要通过开展丰富多彩的课外创新活动，保障第二课堂的教学实践资源，搭建课外创新平台，完善课外实践制度，如开展各种学科类别或不同级别的竞赛活动、建立创新实验室、创新课堂教学模式、开展国际交流等。第二课堂人才培养体系的构建，能全面提升学生的综合素质，以丰富的资源和空间为载体开展开放性、创新性、多样性的实践活动，实现与第一课堂的对接，成为第一课堂的有益补充，激发学生的创新兴趣和创新意识，提高学生的创新能力。

总之，先进思想理念的引领、实践教学体系的构建和第二课堂培养体系的构建共同推动“智造工匠”人才培养的运行机制的创新。

第二节 “智造工匠”人才培养保障机制的创新

“智造工匠”人才培养离不开保障机制的优化和创新，它是“智造工匠”人才培养工作得以顺利开展的有效保障。“智造工匠”人才培养保障机制的创新主要包括组织保障的创新、物质保障的创新、队伍保障的创新、制度保障的创新和环境保障的创新五个方面，这五个方面相互联系、相互促进，共同支撑着“智造工匠”人才培养保障机制的运行，具体如下（图 4–5）。

图 4–5 “智造工匠”人才培养保障机制的创新

一、组织保障的创新

组织保障是维持“智造工匠”人才培养机制正常运行的一个重要手段。“智造工匠”人才培养需要在学校党委的统一领导下，设立专门的人才培养机构，增强各个主体之间的联系，从而使整个体系可以有效地运转。学校的统一领导有助于把握“智造工匠”人才培养的方向和理念；

专门机构的设立有助于针对“智造工匠”人才培养具体工作的开展，有利于教务处、校团委、学生处等负责进一步组织相关活动。此外，还可以构建“智造工匠”人才培养信息交流平台，促进高校、家庭、社会组织的有效沟通，从而在校内、校外组织的合作下进一步提升“智造工匠”人才培养的成效。

二、物质保障的创新

物质保障指的是在“智造工匠”人才培养中，所需要的物质材料和经费保障。“智造工匠”人才培养离不开物质保障，无论是教育场所中的各类设施，还是教学用的图书资料等，都属于物质保障的范畴。如果缺少了物质保障，基本的教育活动都将难以开展，所以物质保障是“智造工匠”人才培养的基础和根本。此外，在“智造工匠”人才培养过程中，经费往往是有限的，所以如何使有限的经费发挥出最大的作用，是需要每一所高校思考的问题。当前，教育投入在不断增加，所以合理配置经费就显得至关重要。对于“智造工匠”人才培养工作而言，并不是每一项工作都需要投入大量的经费，应该针对具体工作按照重要性对其进行分类，然后在经费的投入上对重点工作进行一定的倾斜。对于那些非常重要的工作，可以适当增加一些经费投入，对于那些不是十分重要的工作，可以适当减少经费投入，从而使有限的经费充分发挥物质保障的作用。

三、队伍保障的创新

教师是“智造工匠”人才培养的组织者和实施者，教师队伍建设在很大程度上影响着“智造工匠”人才培养的成效。“智造工匠”人才培养队伍保障的创新可以从加强教师师德建设、加强教师队伍学科素养建设和制定相关激励机制三个方面着手。

（一）加强教师师德建设

师德是教师品德的集中体现，师德建设是教师队伍建设的基础和根本。针对“智造工匠”人才培养中教师的师德建设，首先要找准目标，明确师德建设的总体要求和指导思想，以保证师德建设始终朝着正确的方向前进；应秉承以人为本的理念，无论是针对教师的培训，还是针对教师的管理，都要将教师放在核心位置上，围绕着教师去展开，这样才能让教师感受到信任与尊重，从而激发教师的主观能动性。

（二）加强教师队伍学科素养建设

在“智造工匠”人才培养中，学科教学是基础，其指向的是学生学科素养的发展，如果缺少了这个基础，将无法满足学生全面发展的需求。教师作为学科教学的组织者和实施者，他们的学科素养在很大程度上影响着学生学科素养的发展，因此，针对教师队伍的建设，还需要将学科素养作为一项重要内容，以使教师在专业发展的道路上取得持续的进步。

（三）制定相关激励机制

建立有效的激励机制是提升教师队伍质量的有力保证，因为有效的激励机制可以调动教师参与学习、参与研究的积极性，进而使教师在持续的学习中获得专业化的发展。如学校可以建立定期理论学习制、择优外出学习制、青年教师优质课比赛制、科研专项评分制等。当然，在制定教师激励机制时，学校应结合本校的实际情况以及教师的实际情况，制定更加适合的机制，这样才能使其发挥出最大的效用。

四、制度保障的创新

从制度的内涵来看，制度一般是指要求社会成员共同遵守的办事规程或行动准则，是整个社会实现某种功能和特定目标的一系列规范体系。一个现代化的社会，一定是一个有规则的社会。制度就是用规则来创造秩序，制度问题是带有根本性的问题[1]。对于“智造工匠”人才培养工作来说也是如此，制度是不可或缺的，它发挥着重要的保障作用。“智造工匠”人才培养制度保障的创新，要着重做好以下几个方面的工作：首先，“智造工匠”人才培养的制度制定要以法律为依据和准则，不能超出法律规定的范畴。其次，“智造工匠”人才培养在建立相应的制度之后，需要针对制度开展细致的解释，并定期进行宣讲，这样不仅能使每一位教育工作人员和学生对“智造工匠”人才培养制度有充分的了解，而且也有助于他们确立遵守制度的观念。最后，制度的严格执行。在制定了“智造工匠”人才培养的相关制度之后，就需要严格按照制度执行，这样才能令行禁止。

此外，制定的“智造工匠”人才培养规章制度要能够调动和激励学生的发展，强化学生的创新意识，激发学生的创新兴趣，充分发挥学生的主观能动性，增强其责任意识和奉献精神，促进学生工匠精神的培育和综合能力的形成与发展。

五、环境保障的创新

在“智造工匠”人才培养中，环境具有广泛性和复杂性的特点，其对学生的发展起着重要的作用，所以环境保障也是保障机制中的一项重要内容。针对“智造工匠”人才培养的环境保障创新，可以从物质文化建设和精神文化建设两个方面着手。

（一）物质文化建设

物质文化是校园环境建设的物质基础，通常具有一定文化底蕴的校园，也能在环境中有所体现，并通过环境对学生产生积极的影响。可以想象，一个有着别具特色的楼群建筑、绿意盎然的自然风景的校园，一定能让身处其中的学生产生审美情趣，甚至能唤醒他们对自然和生命的热爱。因此，在“智造工匠”人才培养中高校应重视物质文

[1] 国明理．把党的政治建设摆在首位[M]．北京：东方出版社，2019：164.

化建设工作，从而通过物质文化的建设起到“润物细无声”的人才培养效果。

（二）精神文化建设

“智造工匠”人才培养中的精神文化体现在多个方面，包括价值体系、思想意识、理想信念、精神风貌、师生关系、工作模式、言论自由等。精神文化是高校软文化的体现，也是校园文化的精神内核，虽然它不像物质文化一样直观，但对学生的影响更加深远。因此，相较于物质文化建设而言，在“智造工匠”人才培养中，要更加重视精神文化的建设。在精神文化的具体建设中，要注重学生的参与，注重学生主体作用的发挥，这样才有助于学生进一步了解校园精神文化的内涵，并激发大学生的主观能动性，进而使校园的精神文化内化为大学生个人的道德价值。

第三节　“智造工匠”人才培养激励机制的创新

在“智造工匠”人才培养过程中，要对人才培养的激励机制进行完善和创新，提高学生的积极性和主动性，促进“智造工匠”人才培养目标的实现和人才培养效果的提升。“智造工匠”人才培养激励机制的运行系统是针对学生的心理需要，对学生的行动进行引导，运用相应的激励手段，有效调动学生的积极性和创造性，从而实现人才培养目标。

一、激励机制在“智造工匠”人才培养中的作用

“智造工匠”人才培养过程中，激励机制能有效地激发学生的内在潜力，充分调动学生的积极性、主动性和创造性，促进人才培养目标的实现。其具体作用主要表现在以下三方面（图 4–6）。

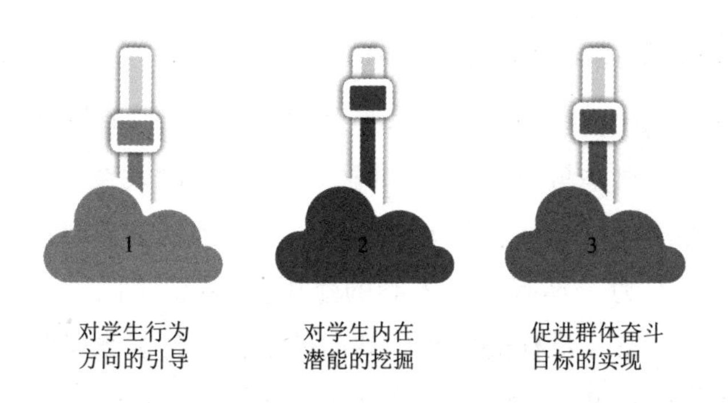

图 4-6 激励机制在“智造工匠”人才培养中的作用

（一）对学生行为方向的引导

“智造工匠”人才培养激励机制具有明确的导向性，通过激励机制能有效地调动学生的积极性和创造性，激发学生自觉地将个人目标、集体目标和社会目标结合起来，实现个人职业素质和综合能力的提高，促进我国智能制造业的发展。

（二）对学生内在潜能的挖掘

“智造工匠”人才培养激励机制有利于对学生内在潜能的挖掘。激励机制能打破学生的消极习惯。首先，通过激励，利用一定的信息刺激动摇固有观念，开阔学生的视野，使其重新调整自身行为状态，通过开发自身潜能从而达到新的境界。其次，激励可以改变学生的态度。态度是潜意识的自动功能，判断一个人的态度要从认知、情感和行为倾向三个方面综合权衡。“智造工匠”人才培养激励机制能够提高学生的认知水平、丰富学生的情感和引导学生高层次的文明行为。最后，“智造工匠”人才培养激励机制能激发学生的兴趣。兴趣能使人产生热情，对实现既定的目标乐此不疲，在兴趣的驱使下，人的潜能就会不断地被开发出来。“智造工匠”人才培养激励机制正是通过激励手段充分调动学生的积极性和创造性，不断提高他们的兴趣，挖掘他们的潜能，使他们自觉地刻苦学习，努力成才。

（三）促进群体奋斗目标的实现

在任何一种社会群体里，群体凝聚力、向心力、群体中个体成员对群体的归属感，都是与个体成员对群体目标的认同联系在一起的。激励之所以对实现群体目标具有强大的作用力，原因就在于崇高的群体目标本身就具有感召力，具有激励人心的作用。“智造工匠”人才培养激励机制能促进群体奋斗目标的实现。共同的群体目标能激励学生为维护群体的荣誉和利益而团结一致，共同奋斗，为完成群体的奋斗目标而努力。激励机制能够使学生自觉地把个人利益和集体利益有机地结合起来，让他们认识到个人的发展离不开集体的发展和社会的进步，只有集体发展，才有个人的发展，个人的发展同样会促进集体和社会的发展。

二、“智造工匠”人才培养激励机制构建的原则

“智造工匠”人才培养激励机制是在人才培养的教育系统内，激励者（教育者）与被激励者（被教育者）之间通过激励因素互相作用的方式。“智造工匠”人才培养激励机制的构建需要遵循满足需要原则、调动积极性原则、分配中心原则、激励时效性原则，具体如下（图 4–7）。

图 4–7　“智造工匠”人才培养激励机制构建的原则

（一）满足需要原则

“智造工匠”人才培养激励机制的构建要遵循满足需要原则。“智造工匠”人才培养激励机制构建的出发点是为了满足人才培养激励客体的

需要。“智造工匠”人才培养激励主体需要构建一个包括物质激励、精神激励等激励形式在内的引导因素，来满足“智造工匠”教育客体的各种需求。

（二）调动积极性原则

“智造工匠”人才培养激励机制的构建要遵循调动积极性的原则。激励机制的构建主要是为了调动人才培养中激励主体的积极性，其最终目标是实现人才培养的总体目标，因此，“智造工匠”人才激励机制要充分调动被激励主体的积极性，为其预定目标的实现而努力。

（三）分配中心原则

“智造工匠”人才培养激励机制的构建要遵循分配中心原则。“智造工匠”人才培养激励机制构建的核心是分配制度和行为规范。激励机制的运作模式就是通过设定分配制度激发被激励者行为，最终为其目标服务。因而分配制度和行为规范就成为激励机制构建的核心。

（四）激励时效性原则

“智造工匠”人才培养激励机制的构建要遵循激励时效性原则。在“智造工匠”人才培养激励工作中要善于抓住激励的时机，来提升人才培养的激励效果。在“智造工匠”人才培养工作中，教育者要善于抓住有利时机，对学生进行及时激励，以便获得最佳的激励效果。如果抓不住激励的有利时机，不但起不到激发学生积极性的作用，甚至还会起到负面的作用。因此，在“智造工匠”人才培养激励机制构建中，要善于把握时机，掌握激励时效性原则。

三、“智造工匠”人才培养激励机制创新的具体路径

“智造工匠”人才培养激励机制必须进行创新，充分激发学生的积极性和主动性，充分挖掘学生的潜能，促进人才培养目标的实现。具体路径如下（图 4-8）。

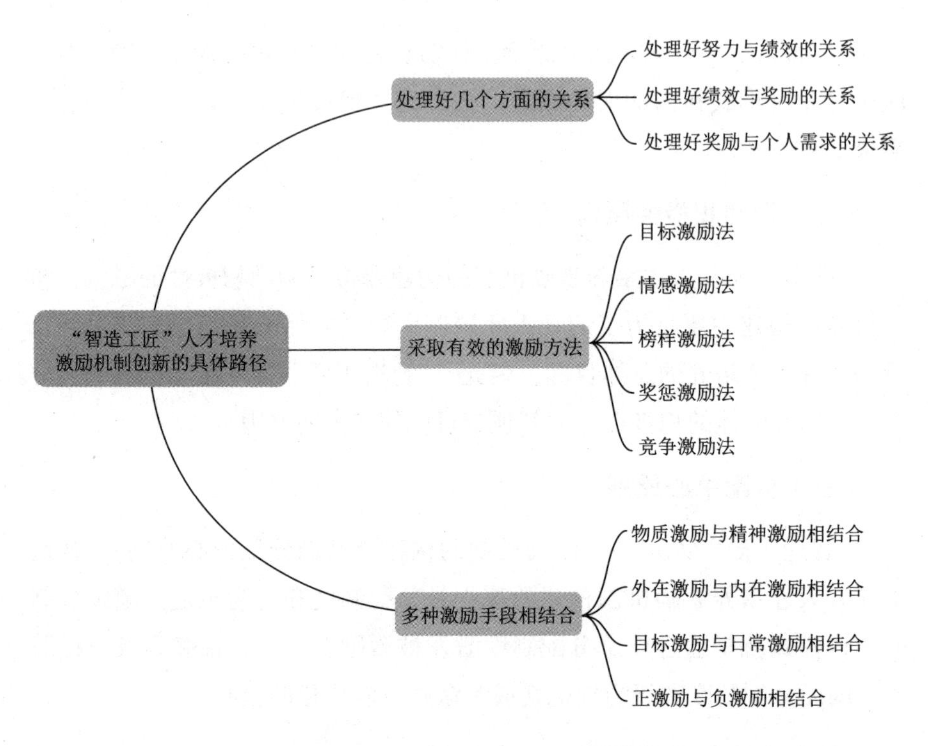

图 4-8　“智造工匠”人才培养激励机制创新的具体路径

（一）处理好几个方面的关系

“智造工匠”人才培养激励机制创新中要处理好努力与绩效、绩效与奖励、奖励与个人需求三个方面的关系。

1. 处理好努力与绩效的关系

努力与绩效的关系包括两个方面的内容：一方面，一个人能否通过努力实现既定的绩效；另一方面，通过努力实现的绩效能否得到客观的评估。客观的评估即涉及管理的态度、鼓励、激励等的绩效评估体系，对于“智造工匠”人才培养而言，激励机制的完善和创新能够达到客观的绩效评估的效果。学生的好奇心强、求知欲旺盛，内心渴望成功，希望通过一定的努力达到预期的目标，这是学生心理需求的共性体现，但是又存在一定的惧怕失败的心理压力。这就要求在“智造工匠”人才培养激励机制的构建中，充分考虑学生的个体差异性和层次性，既要激发学生的信心，发挥他们的主观能动性，又要避免他们失去内在动力，导致其消极思想的产生。学生通过这个激励机制能感受到自己努力就能达到预期目标，达到目标就能够得到激励，只要“跳一跳脚，就能摘到桃子”，因此，尽量不要把目标定得太高。

2. 处理好绩效与奖励的关系

处理好绩效与奖励的关系，是指个体经过努力取得的良好工作绩效所带来的对绩效的奖赏性回报的期望。人总是希望取得成绩后能得到奖励，既包括物质上的，也包括精神上的。对于“智造工匠”人才培养机制而言，学生更加注重奖励，因为这不仅是绩效带来的回报，更是一种被认可、被肯定、被尊重。构建人才培养的激励机制就是要使学生在取得绩效后能得到合理的奖励，从而更好地激发学生的学习热情。

3. 处理好奖励与个人需求的关系

由于个人需求存在差异性，奖励也要采取多种多样的形式，满足多种需求。对于“智造工匠”人才培养激励机制而言，相对于物质奖励，精神奖励是一种更高层次的荣誉，是可以证明大家的肯定、认可和尊重程度的。奖励越符合学生的心理需求，其满足程度也就越高，随后激发出来的创新热情也就越大。处理奖励与个人需求的关系时，要本着公平、得当的原则进行奖励，并注重学生的心理健康发展。

（二）采取有效的激励方法

“智造工匠”人才培养激励机制的创新要采取有效的激励方法，调动学生的积极性和主动性。常用的激励方法有目标激励法、情感激励法、榜样激励法、奖惩激励法、竞争激励法等。

1. 目标激励法

目标激励是指通过目标的设置来激发学生的动机，指导其行为，使学生的成才需要与人才培养目标紧密结合，从而充分调动和激发学生的积极性、主动性和创造性。目标对个人的发展具有巨大的激励作用。在心理学中，目标被称为诱因，由诱因诱发需要和动机，再由动机达成目标的过程即是激励过程。目标是指满足人们需要的对象，也是调动人的积极性的有形的、可以测量的成功标准，或者说目标是人们期望在行动中达到的成就或结果。简言之，目标就是人们的行为目的。

2. 情感激励法

情感激励法是指通过一定的形式和途径，对激励客体的情感产生影响，从而使其焕发内在精神力量的过程。与有形的物质相比，无形的情感所产生的激励作用更为持久。情感是一种复杂的心理活动，是根据客观事物是否符合人们的主观需要而产生的一种态度的体验，对人们的实践活动具有信号、感染和动力的功能。情感对人的认知有重大影响，尤其正面情感是人的活动的催化剂。此外，情感还具有主体性的调节作用，成为人际关系的黏合剂，亲密、融洽、协调的情感关系可以激发士气，使组织效率倍增。

在“智造工匠”人才培养机制中运用情感激励的方法，要做到对学生充分的尊重、理解和信任。

（1）要充分尊重学生。根据马斯洛的需要层次理论，人在较高的需要层次上有尊重的需要。学生需要得到尊重和尊重别人，不同层次的学生都有人格的自尊，都需要得到教师一视同仁的尊重。在“智造工匠”人才培养中，教育者要以平等的态度对待学生，真心地关心和爱护学生，满足学生的情感需要。

（2）要充分理解学生。理解可以给人以鼓舞，给人以心理上的平衡。由于心理因素和思维方式的制约，有些学生在成长过程中的表现往往不尽如人意。对待这些学生的正确方法是要予以理解，根据实际情况进行正确的引导和恰当的处理。这样既避免了无谓的矛盾激化，又能使学生心悦诚服，在今后的工作中做到更加完善。

（3）要充分信任学生。信任是搞好人际关系、体现情感力量的重要纽带。在“智造工匠”人才培养中，对学生予以充分的信任，可以激励他们勇于进取、有所作为，使他们能够在强大的心理压力下，保持蓬勃向上的学习激情。激励机制既要培养学生的自信心，又要让学生正确评价自我，还要经常注意学生的喜怒哀乐，体察学生的需求和难处，设身处地为学生着想，给他们以真诚的信任和帮助，这样才能增加学生的凝聚力和向心力。

总之，只有将尊重、理解和信任同“智造工匠”人才培养有机结合起来，情感激励才能收到实效。

3. 榜样激励法

榜样激励法是用先进人物的优秀品德激励、感染、影响受教育者，使之形成优良品德的一种方法，是“智造工匠”人才培养激励机制中的重要方法之一。在“智造工匠”人才培养中，要通过邀请智能制造业的专家到学校举办讲座，通过榜样的引领作用，引导学生对榜样进行模仿和学习，从而不断地完善自我、提高自我。

4. 奖惩激励法

奖惩激励是奖励激励与惩罚激励的结合，它是指通过奖励或惩罚的手段，认同、赞扬并激励对象的积极行为，否定乃至根除激励对象的消极行为的过程。奖惩是通过一定的物质或精神方式，对符合管理意图、达到管理要求目标的人或事进行表扬，给予肯定和鼓励；对于不符合管理意图、违背管理禁令的人或事进行批评，给予否定和惩罚的一种方法。在“智造工匠”人才培养中运用奖惩激励法时，一方面要做到客观、公平、公正和公开，另一方面要注意把握好奖惩的时间和力度。

5. 竞争激励法

竞争是竞争主体之间，基于各自需求和满足需求的客体的特定性而形成的一种较量关系，这种较量关系的最终结果是一个竞争主体占有竞争客体。马斯洛把人的需要分为七个层次，在“智造工匠”人才培养中，学生的竞争需要主要是在求知需要的基础上产生的，寻求自我成就和实现其内在潜力。学生需要的程度越迫切，个体内在的原动力就越强烈，在此基础上形成较强的内在驱动力。因此，在“智造工匠”人才培养激励机制中，培养和激发良好的行为动机相当重要，因为行为动机是学生竞争行为的始发力量和推动力量。竞争激励是利用人们不甘落后的心理创造竞争氛围，从而激发个体和集体奋发向上的一种进取精神。竞争是激发学生学习积极性和争取优良成绩的一种手段，将竞争激励引入“智造工匠”人才培养中，能够让学生感受压力，并为学生充分展示自己的才能提供机会，从而促进人才培养目标的实现。

（三）多种激励手段相结合

“智造工匠”人才培养激励机制的创新，要采取多种激励手段相结合的方式，来挖掘学生的潜能，提升学生的积极性。具体可以采用物质激励与精神激励相结合、外在激励与内在激励相结合、目标激励与日常激励相结合、正激励与负激励相结合等方式。

1. 物质激励与精神激励相结合

经济学的经济人假设认为，人都是经济人，都追求自身利益的最大化。人们基本上是受经济性刺激物质激励的。在当今时代，人们生活水平已普遍提高，物质尤其是金钱与激励之间的关系呈现弱化趋势。然而物质需要仍是人类的第一需要，是人们从事一切活动的基本动因，所以在“智造工匠”人才培养激励机制中，物质激励仍然是激励的最重要形式。物质激励必须公正，必须反对平均主义。在激励机制中，如果有失公平和持有平均主义，那么，物质激励是毫无意义的。精神激励即内在激励，是指精神方面的无形激励，主要手段通常有授予荣誉称号、通报表彰等。精神鼓励要坚持有效的原则，同时公正也是不可或缺的。如果精神激励使被激励客体无动于衷，即是精神激励的失败。“智造工匠”人才培养激励机制应该改变单一的激励形式，采取物质奖励和精神奖励相结合的方式，充分考虑学生的物质需要和实际需求，发挥人才培养激励机制的最大效用。在物质激励之外，精神激励也是必不可少的。学校可以通过评优、表彰等方式来满足学生的精神层次需求和自我发展需求。无论物质激励还是精神激励，它们都不可能十分完美地将激励效应发挥到最大化，因而需要将物质激励和精神激励结合起来，使两者各自发挥自己的长处，弥补双方的不足，使其在“智造工匠”人才培养中更高效地发挥激励作用。

2. 外在激励与内在激励相结合

外在激励指的是来自激励客体以外的刺激因素。内在激励指的是来自激励客体自我的刺激因素，强调自身对自身的刺激，产生激励效应。“智造工匠”人才培养激励机制要采取外在激励和内在激励相结合的方式，充分激发学生的主动性和积极性，促进人才培养目标的实现。外在激励一般是指学生从外部环境中所获得的激励；内在激励一般是指学生在不受外部环境影响的情况下，从学习中所获得的心理和精神上的满足。外在激励通常具有直接而显著的效果，但是这种激励不太容易持久，所以很难形成长效的机制。与之相反，内在激励的形成过程相对比较漫长，也相对艰难，但是激励效果一旦形成，就会产生持久而深远的影响。内在激励能够有效地激发学生的自豪感和成就感，促使他们不断地学习新的知识和技能。在“智造工匠”人才培养中，要将外在激励和内在激励有效结合起来，充分利用其特点，借助外在激励的直接效应，同时以内在激励为主形成长效的激励机制，使“智造工匠”人才培养工作取得事半功倍的效果。

3. 目标激励与日常激励相结合

目标激励指的是确立适当的目标，诱发人的动机和行为，达到调动被激励客体积极性的目的。目标作为一种诱因，具有引发、导向与激励的作用。“智造工匠”人才培养目标激励中的目标设定需要切合实际情况，具有可行性，否则目标激励就起不到实际的效果。日常激励指的是将实现目标的过程分成若干个阶段，在目标完成的若干阶段上，根据实际情况给予鼓励。日常激励有助于总体目标的实现，日常激励的方式非常灵活，可以有口头表扬，也可以有物质奖励，要根据实际的变化确定日常激励方式。目标激励和日常激励同样是辩证统一的。目标激励是为了实现总体目标而实施的激励。日常激励是在目标实现的每个阶段上实施的激励，是过程性激励。日常激励有利于总目标的实现，目标激励也规定着日常激励。因此，在“智造工匠”人才培养机制中，二者是密不可分的关系，只有将目标激励和日常激励结合起来，才能实现人才培养机制的创新。

4. 正激励与负激励相结合

“智造工匠”人才培养激励机制创新中可以采取正激励与负激励相结合的方式，可以通过表扬、奖励等正激励的方式来为“智造工匠”树立榜样、指明方向。同样，也可以通过批评、教育等负激励手段对错误行为做出惩戒，在帮助其改正错误的同时能够警醒其他人，使“智造工匠”人才培养朝着积极健康的方向发展。“智造工匠”人才培养激励机制通过正激励与负激励相结合的方式，有利于激励机制发挥预期效应，促进人才培养目标的实现。

第四节　“智造工匠”人才培养评估机制的创新

“智造工匠”人才培养评估机制是“智造工匠”人才培养中的一项重要工作，具有鉴定、导向、激励、诊断等功能。“智造工匠”人才培养评估机制要进行创新，建立完善的人才评估体系，才能对“智造工匠”人才培养进行全面的、科学准确的评估。

一、“智造工匠”人才培养评估机制的构建原则

“智造工匠”人才培养评估机制的构建需要遵循导向性原则、全面性原则、发展性原则、科学性原则和实践性原则，具体如图 4-9 所示。

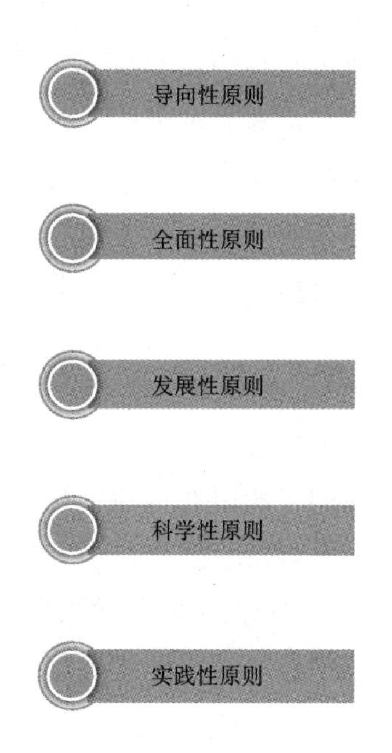

图 4-9 “智造工匠”人才培养评估机制的构建原则

（一）导向性原则

“智造工匠”人才培养评估机制的构建要遵循导向性原则。“智造工匠”人才培养评估的标准、评估过程的侧重和评估结果的平等要满足社会发展的需要，体现“智造工匠”人才培养的方针，具有良好的导向性，能引导“智造工匠”人才培养良性化的发展方向和保证评价正确的价值取向。只有坚持“智造工匠”人才培养评估机制良好的导向性原则，才能促进学生的身心健康及全面发展，确保终身教育和素质教育思想的价值取向，促进“智造工匠”人才培养效果的提升和引导教师工作和学生学习的正确开展。

（二）全面性原则

“智造工匠”人才培养是一个完整而复杂的系统，具有多样化的特点，因此对其评估必须坚持全面性原则。在对“智造工匠”人才培养进行评估时，要全面搜集评价对象的相关信息，并进行客观分析，不能只考虑评价对象的某一方面而忽视其他方面，对评估指标中的项目要平等对待不能有主次之分，要做出客观的恰如其分的评价。此外，在对“智造工匠”人才培养进行评估时，要从多个角度展开全方位的评价，保证评价的客观性和全面性，以切实促进“智造工匠”人才培养目标的实现和人才培养效果的提升。

（三）发展性原则

事物都是处在发展中的，所以在构建“智造工匠”人才培养评估机制时，需要以发展的思维去看待，要将社会发展和学生发展的需求相融合，既要考虑学生的发展性指标，通过纵向对比用其衡量“智造工匠”人才培养成效，又要考虑学校与社会的发展性指标，引导学校对指标涉及内容的投入和重视。此外，“智造工匠”人才培养评估机制构建起来之后，并不是一成不变的，随着时代的发展，随着育人需求的变化，也需要随之发生变化，以满足时代发展和教育发展的需求。

（四）科学性原则

科学性原则是“智造工匠”人才培养评估机制真实性和客观性的有效保证。在“智造工匠”人才培养评估过程中，要坚持科学的态度，以客观规律为依据，科学选择评价方法、标准以及程序，同时要力避经验式和直觉式的教学评估，要避免受评估者个人爱好、价值观念等主观因素的影响，保证评估结果的科学、准确、可靠。

（五）实践性原则

“智造工匠”人才培养具有很强的实践性，在对其评估机制进行构建的过程中，必须结合具体的教学实践活动，在实践中检验成果的正确性。要把对“智造工匠”人才培养工作的评估纳入教育督导实践的结果处理阶段中，以便及时发现教育督导工作中的漏洞和不足，从而尽快查缺补漏。评价主要是为了改进而不是单纯地做出鉴定，这是评价理论的精髓，因此，不能单纯地为了评价而评价，而是应该将评价结果运用于下次实践活动中，起到前车之鉴的作用，以促进“智造工匠”人才培养工作的规范化、科学化发展。

二、“智造工匠”人才培养评估机制创新的实施路径

“智造工匠”人才培养评估机制创新的实施路径可以细化为评估、反馈、优化三个环节。当然，在具体的实施中，有时一次优化并不能使评估机制得到完善，所以在优化后有时还需要再经历一次或数次评估、反馈和优化的过程。

因此，“智造工匠”人才培养评估机制应该是“评价—反馈—优化—再评价”这样一个循环的过程。

（一）评估环节

评估环节是评估机制的基础环节，反馈环节和优化环节都是建立在评估环节基础之上的，所以“智造工匠”人才培养评估环节的有效与否会直接影响后面两个环节的效果。评估环节主要包括两个部分：评估指标体系构建和评估工作实施。

1. 评估指标体系构建

评估指标体系是指评价对象的各个方面的特征及其相互关系的多个指标所构成的具有内在结构的有机整体，同时它也代表该事物在数量和质量上测评数据的集合。由于评估的各项指标分解细，能客观反映评估对象的共同属性，具有规范性、可比性和信度较高的特点[1]。评估指标体系中的指标应该适量，如果指标过多，相互之间容易产生干扰；如果指标太少，容易产生片面性。因此，在构建评价指标体系时，应遵循逐步筛选的原则，使主次指标清晰明确，且数量适宜，从而形成科学合理的评估指标体系。“智造工匠”人才培养评估指标体系的构建具体如下（图 4–10）。

[1] 金娣，王钢．教育评价与测量 [M]. 北京：教育科学出版社，2007：41.

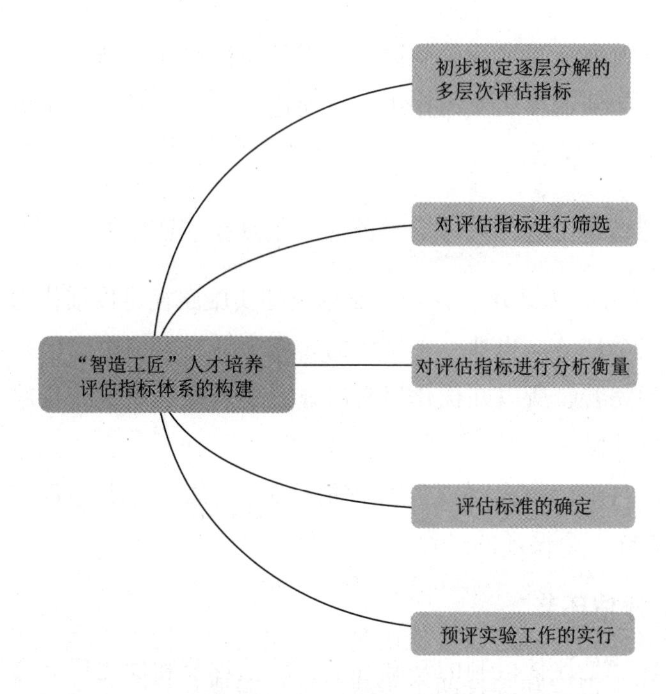

图 4-10　“智造工匠”人才培养评估指标体系的构建

（1）初步拟定逐层分解的多层次评估指标。教育评估是参照教育目标，通过系统搜集信息，采用科学的方法对教育活动做出综合价值分析和判断的过程[1]。对“智造工匠”人才培养的评估指标需要依据教育评价，将总目标进行分层次设计，分别确定“智造工匠”人才培养评估的分目标，并针对评估对象展开具体的分析。要对评估对象进行充分的了解，在此基础上再对评估目标进行逐层分解，初步形成从高层到底层逐级排列的多层次的评估指标，这样的评估指标才能充分反映出评估对象的本质特征和内在联系，带来客观合理的评价。

（2）对评估指标进行筛选。在对“智造工匠”人才培养总目标进行分解的基础上，我们能得出初拟的维度和评估指标。但是在这些评估指标中，有的能准确反映出评估对象的本质，有的则不能准确反映出评估对象的实际情况，因此，需要对评估指标做进一步的筛选。“智造工匠”

[1] 孙河川．教育督导与评估指标 [M]. 北京：中国社会出版社，2017：18.

人才培养评估指标的筛选可以通过简化评估步骤，提高评估指标的质量来实现，这样更便于“智造工匠”人才培养评估指标的实施。在筛选过程中通常采取理论推演法、专家评判法和实践经验法三种法。理论推演法指的是根据教育学、社会学、心理学、美学、哲学等相关学科的理论及科研成果，来对“智造工匠”人才培养的指标进行研判，完成筛选和认定工作；专家评判法指的是采用问卷征询、专人访问、专家研讨会等方式，就初拟的“智造工匠”人才培养评估指标征询相关专家的意见和看法，进行修订和筛选；实践经验法指的是根据“智造工匠”人才培养的实践经验，对初步拟定的“智造工匠”人才培养评估指标进行综合分析，完成评估指标的筛选。这三种方法可以根据不同情况进行选择运用，也可以将两种或三种方法相结合来完成对“智造工匠”人才评估指标的筛选工作。

（3）对评估指标进行分析衡量。在完成对“智造工匠”人才培养评估指标的初步拟定和筛选两个步骤之后，需要对评估指标做进一步的分析衡量，明确评估指标的要素范围，避免使“智造工匠”人才培养评估指标的评价范围过宽或过窄；科学衡量评估指标在“智造工匠”人才培养评估中的重要性。以上分析衡量主要通过以下两种方法来实现：一种方法是通过比较法来衡量，即将评估指标两个一组进行分组，通过两两对比来对评价指标的外延范围、某一方面特点等方面进行比较，最后对比较结果进行分析，得出分析衡量结果。另一种方法是依靠集体成员的力量来衡量，即依靠包括教育部相关人员、学校管理部门相关人员、学校教学科研人员等在内组成的集体成员的力量，对评估指标加以权衡，进行全面的分析和比较，从而得出衡量结果。

（4）评估标准的确定。在前三个步骤完成之后，就可以对“智造工匠”人才培养评估标准进行确定了。“智造工匠”人才培养评估标准一般通过下面两个步骤来实现：第一步是评估标度的设计。标度一般用定性和定量两种方法来表示。定性标度主要是用熟悉、不熟悉，了解、不了解等描述性的语言来表示；定量标度主要是针对评价资料进行“量”方面的分析。第二步是标号的设计。标号指的是区别标度的符号，一般用优秀、良好、中等、合格、不合格等具有区别性的符号来表示标号。

（5）预评实验工作的实行。在“智造工匠”人才培养评估指标确立后，可以选择小范围的评估对象作为试点进行预评估实验工作。预评估实验工作的目的是检验评估指标的效度如何，是否具有操作的可行性。通过预评实验工作的反馈信息，能及时发现“智造工匠”人才培养评估指标存在的问题并进行修正优化，使“智造工匠”人才培养评估指标趋于科学、合理、完善。

2. 评估工作实施

在“智造工匠”人才评估工作实施的过程中，为了确保评估的科学、合理和全面，应秉承评估方式多元化、评估内容多样化、评估过程动态化（图 4-11）。

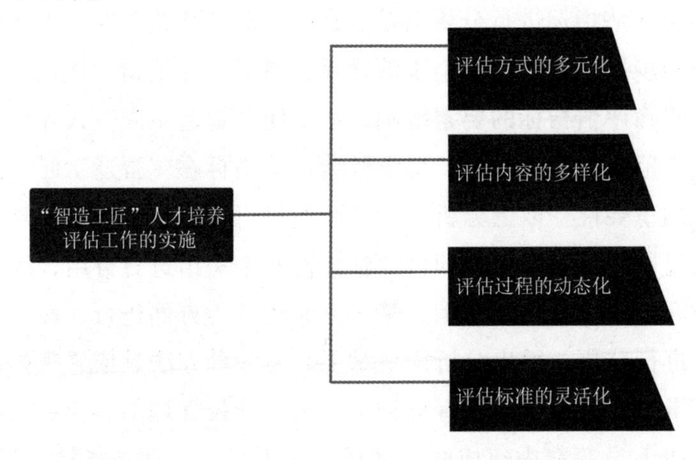

图 4-11　“智造工匠”人才培养评估工作的实施

（1）评估方式的多元化。在“智造工匠”人才培养传统教学评估体系下，评估主体一般由学校领导、学校相关管理人员所组成，这种一元化的评估方式难免存在偏颇，容易使评估结果出现偏差，不利于“智造工匠”人才培养目标的实现。要提高“智造工匠”人才培养的有效度，就必须进行“智造工匠”人才培养评估参与主体的创新，构建以教师自评为主，学校领导、学生、家长、社会等多主体共同参与的多元化模式，形成多方位、多渠道的信息反馈渠道，构建学校领导、学生、教师、家长、社会等共同交互的多角度、多元化评估模式。从不同的角度对“智造工匠”人才培养展开评估，提出具有针对性的评估意见，有利于“智造工匠”人才培养质量的提升。

（2）评估内容的多样化。“智造工匠”人才培养评价体系受多种因素影响，因此，其评估体系中评估内容也具有多样化的特点。在“智造工匠”人才培养评估过程中，评估对象的各种因素、人才成长的环境等都能对人才培养效果造成影响，因此，对“智造工匠”人才培养的评估内容也应该从多方面来进行评估，深入了解学生的整体素质、教学中的表现、进步情况和对未来职业生涯的规划等，促进“智造工匠”人才培养目标的实现。

（3）评估过程的动态化。在“智造工匠”人才培养评估中，要提倡对人才培养整个过程的评估而不是某一个阶段进行考察；不单单注重对结果的终结性评估，也注重对过程的形成性评估。在评估过程中注重对人才培养动态化的考察，把对人才培养的评估融入教学情境和日常生活中，坚持评估的客观性和科学性，有效促进“智造工匠”人才培养效果的提升和创造性的发展。

（4）评估标准的灵活化。“智造工匠”人才培养评估不仅注重对某一个方面的单项评估，而且注重评估标准的灵活性。在评估过程中，注重个体之间存在的差异，尊重学生的个性特点，通过灵活性的多项评估标准来对“智造工匠”人才培养进行综合评估，在体现对人才培养的基本要求的同时，充分关注学生个体的差异以及发展的不同需求，促进其在原有水平上的提高和发展的独特性，提高人才的综合素质，促进人才各方面的成长。

（二）反馈环节

反馈环节的主要作用是将评估的结果反馈给评估对象。评估反馈的对象主要包括教育者和被教育者。反馈给教育者是为了让教育者发现评估实施中存在的问题，然后修改或调整人才培养方案，进而使人才培养的评估机制更加完善；反馈给受教育者是为了让受教育者更加清楚地认识到自己的发展情况，这有助于他们更有针对性地去调整自身问题，从而更好地实现自身的发展。

（三）优化环节

优化环节是在反馈环节基础之上进行的，虽然反馈的对象包括学生，但从"智造工匠"人才培养评估机制这一视角去看，评估反馈主要是反馈给教育者，让教育者结合反馈的情形分析评估机制存在的问题，然后有针对性地对方案进行修改和调整，并继续开展新一轮的评估实施工作，最终形成一个螺旋式上升的良性循环的人才培养过程。

第五章　“智造工匠”人才培养课程体系的完善

第一节　“智造工匠”人才培养课程的设计

“智造工匠”人才培养课程既要满足我国不断发展的智能制造业对人才的多样化需求，又要满足学生个体发展的差异化需求，促进人才培养目标的实现。

一、“智造工匠”人才培养课程设计的原则

课程设计指通过需求分析确定课程目标，根据课程目标选择一个学科或多个学科的教学内容和相关教学活动，通过计划、组织、实施、评价、调整，以最终达到课程目标的整个工作过程[1]。“智造工匠”人才培养课程设计需要遵循以下原则（图 5-1）。

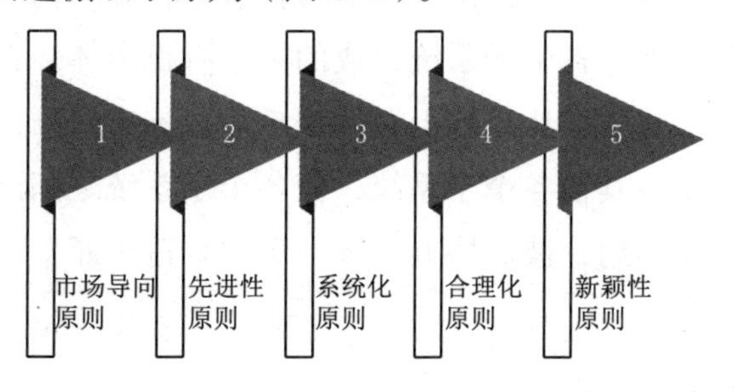

图 5-1　“智造工匠”人才培养课程设计的原则

[1] 刘献君．论大学课程设计 [J]. 高等教育研究 ,2018(3)：51-57.

（一）市场导向原则

“智造工匠”人才培养课程的设计要以就业市场为导向，充分考虑社会的需求。要以前瞻性的眼光从课程发展的角度来对就业市场进行研判。要对就业市场展开充分的分析，认真搜集人才市场人才交流方面的信息，以及劳动人事部门对智能制造相关专业人才流动情况的报告，对人才需求趋势做出合理的预判，从而对“智造工匠”人才培养的课程设计形成指导性意见，确定课程设计的方向和人才培养目标，为“智能制造”人才培养的可持续发展打下良好的社会基础。

（二）先进性原则

“智造工匠”人才培养的目标是培养智能制造行业的高素质、高科技人才，因此，在进行“智造工匠”人才培养课程设计时，要积极了解智能制造行业的最新动态，了解国外智能制造业在人才培养方面的先进经验。帮助学生从学术型道路向专业型、应用型道路转变，实现教育活动与智能制造业生产活动的高度结合，为社会和企业提供真正有用的智能制造业高素质应用人才。

（三）系统化原则

“智造工匠”人才培养课程设计是一项系统工程，需要遵循系统化原则，对整个课程体系有一个整体的规划和系统的把握，明确“智造工匠”人才培养课程设置体系是由课程教学目标、课程教学内容、课程教学方法、课程教学评价等各个子系统组成的一个有机整体。在进行课程设计时，应该立足于整体，从总体上对课程教学目标有清晰的认识，以教学目标来指导和联系其他各个子系统，使各个子系统之间既相对独立，又相互依存、相互制约，彼此协调、统一于“智造工匠”人才培养课程系统的整体之中。

（四）合理化原则

“智造工匠”人才培养课程设计要遵循合理化原则，从课程开设数量、课程结构等方面对课程合理设置。首先，课程开设的数量方面。“智造工匠”人才培养课程开设的总量要根据专业和学生的实际需要进行合理化设置，特别是随着课程实践性的不断提升，课程设置要丰富课程的门类，同时提高实践课程在课程体系中所占的比重，进一步满足学生的选课需求。其次，课程结构方面。“智造工匠”人才培养课程结构的设计需要结合人才培养目标从结构上对课程进行合理调整，使其更加适合人才培养和学生发展的实际需要，达到良好的效果。

（五）新颖性原则

“智造工匠”人才培养课程设计要遵循新颖性原则，通过课程来创建与学生之间的情感互动，重视学生的感性体验。首先，在“智造工匠”人才培养课程设计中，要充分考虑学生的感性体验，增加新颖性、别致性的体验内容，充分调动学生的积极性和主动性，使学生能积极参与到课程教学中，强化体验式的课程教学过程。其次，在“智造工匠”人才培养课程设计中，要充分考虑师生之间的情感互动，创设有利于两者之间情感互动的环境氛围和课堂氛围。直观的物理环境能对学生的心理产生重要影响，因此，在“智造工匠”人才培养课程设置中要重视营造对学生情感产生触动的氛围，为学生情感体验创设重要的物理环境。课堂氛围对师生情感的互动也起到重要作用，轻松和谐的课堂氛围有利于和谐的师生关系的构建，也能更好地提升“智造工匠”人才培养课程的实施效果。

二、“智造工匠”人才培养课程设计的程序

“智造工匠”人才培养课程设计是教学质量提升和人才培养目标实现的根本保证。“智造工匠”人才培养课程设计的程序主要包括课程目标的设计、课程内容的设计、课程组织的设计、课程教学方法的设计、课程评价的设计五个部分（图 5–2）。

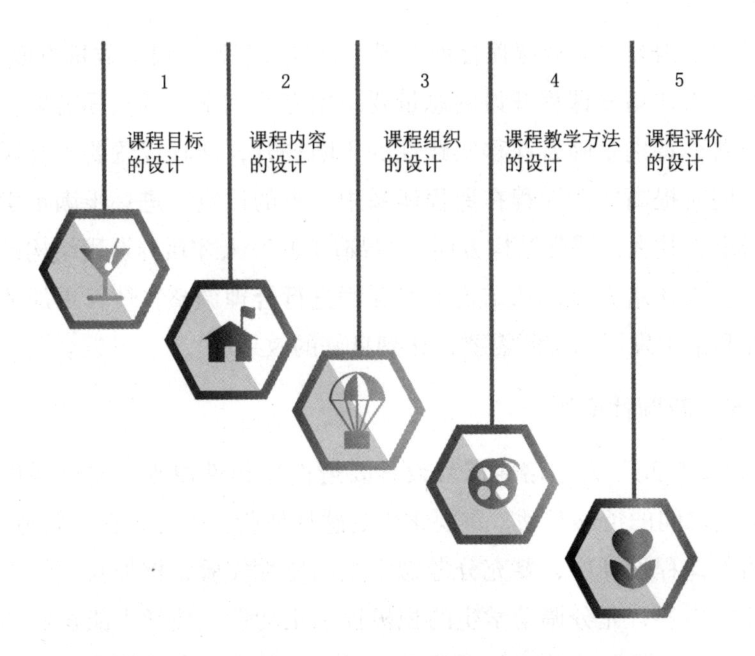

图 5-2 “智造工匠”人才培养课程设计的程序

（一）课程目标的设计

“智造工匠”人才培养课程设计的目标需要以就业市场为导向，结合人才市场的实际需求培养学生的职业能力，以人才培养的专业化来指导课程教学设计。“智造工匠”人才培养课程体系中的公共基础课程、专业核心课程、专业实训课程和毕业设计等各个环节都有其独特的功能，在进行课程设计的过程中，要充分考虑各个课程环节在课程体系中发挥的作用以及与其他课程环节之间的内在联系。公共基础课程属于通识教育课程，包括必修课程和选修课程两部分，强调学生基础知识、基本素质的培养和训练，目的是培养学生的人文素养和综合素质，提高学生独立思考和批判思维能力，具备与他人有效沟通、团队协作等综合能力。专业核心课程和专业实训课程则是对学生的知识能力和方法能力的全面提升教育，注重学生职业能力和职业精神的培养。毕业设计课程是对学生专业知识、专业技能和沟通表达能力等综合能力全面考查的课程，培养学生使用专业的原理和方法设计专业领域实际复杂问题的解决方案以及向他人表达自己想法和解决问题的能力。

（二）课程内容的设计

“智造工匠”人才培养的课程内容一般是由智能制造专业各种教材，实践活动中特定的事实、观点、原理、规则、体验、问题以及处理它们的方式组成的。“智造工匠”人才培养课程内容设计非常重要，只有设计的内容能充分激发学生积极性和主动性的课程，才能使教学产生效果。因此，在课程内容选取时，要充分了解学生的实际情况和现实需求，结合课程教学目标来选择难易适度的教学内容，教学过程中帮助学生树立明确的课程学习目标，提高学生学习的主动性和动力。

（三）课程组织的设计

课程组织是对“智造工匠”人才培养课程的各种要素进行有组织的合理安排，使其课程架构更加合理，从而促进课程目标以及人才培养目标的有效实现。课程的组织方式一般分为垂直组织和水平组织。垂直组织就是按照纵向的发展顺序对“智造工匠”人才培养课程的各个要素进行有效组织。连续性和序列性是一般课程垂直组织的两个标准。例如，按照智能制造职业活动导向，以某一项职业专门技术单项能力为主线，按照职业活动由易到难的逻辑顺序形成某专业课程。水平组织是将各种课程要素按横向关系组织起来。例如，在教育能力本位课程的水平组织中，以职业活动的逻辑顺序为主线整合课程内容，形成相应的主干课程和实训课程。

（四）课程教学方法的设计

在“智造工匠”人才培养课程中，使用适当的教学方法是激发学生学习主动性的另一项重要措施。教学方法可以根据课程内容采用多样化的形式，要充分考虑教师的“教”与学生的“学”是紧密结合在一起的，“教”与“学”共同构成了课程教学活动。要清楚地认识到，教师的主导性和学生的主体性共同构成了师生之间的新型互动关系。老师和学生之间既要相互尊重和信任，又要相互促进和帮助，实现思想感情和精神追求方面的双向交流，形成一种相辅相成、互为依存的关系。要发挥好教师的主导性和学生的主体性，有效促进师生之间的交流和互动，形成融洽的课堂氛围。在“智造工匠”人才培养课程教学方法设计中，如果教师的主导性发挥不好，课堂教学就会呈现混乱、无序的状态，学生很难掌握和抓住课堂重点，很难达到理想的教学效果；同样，学生的主体性在课堂教学中如果发挥不好，缺乏学习的主动性和积极性，课堂教学效果也无从谈起。“智造工匠”人才培养课程内容要强调学生的主体地位，重视学生主体性的发挥，主张学生在学习中充分调动积极性和主动性，在师生互动融洽的氛围中进行学习。学生主体性的发挥和教师的主导地位两者并不矛盾，而是紧密联系、相辅相成的。

“智造工匠”人才培养课程教学方法的设计要结合学生的特点和爱好兴趣，激发学生的学习动力，充分调动学生的积极性和主动性，营造师生之间的融洽氛围，师生彼此之间相互配合达成教学目标、提升教学效果。

（五）课程评价的设计

“智造工匠”人才培养课程评价的设计是对课程的一种考核方式，也就是对课程在实现教学目标和人才培养目标的过程中的可能性和有效性的综合研判。卷面考试是原来最常用最普遍的考核评价方式，随着教学改革的推进，评价方式呈现多样化的特点。因此，在进行课程评价设计时，要结合学生平时表现、课堂上课情况、课后作业完成情况、实践技能掌握情况等综合评价方式来进行评价考核，注重学生对知识的综合运用能力和实际解决问题的能力。“智造工匠”人才培养课程评价设计具有非常重要的意义，不但关系到课程的实施效果，还会对人才培养质量和智能制造业的未来发展造成一定的影响。

三、“智造工匠”人才培养课程设计的优化策略

“中国制造 2025”战略背景下，智能制造业的高质量发展对人才提出了更高的要求，“智造工匠”人才培养课程设计还需要进一步改进和优化，以适应时代发展的需要。“智造工匠”人才培养课程设计的具体优化策略具体如下（图 5–3）。

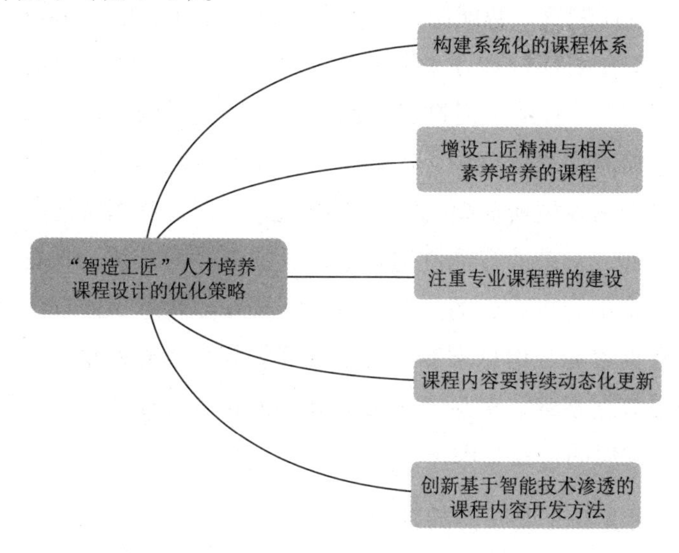

图 5–3 “智造工匠”人才培养课程设计的优化策略

（一）构建系统化的课程体系

智能时代制造业所需要的人才不是通过某一个阶段或短期的培训就能培养出来的，而是需要做好多个学段的衔接，从整体方面进行规划，进行系统化培养，才能实现“智造工匠”人才培养的目标。因此，在进行“智造工匠”人才培养课程设计时，需要围绕人才培养目标构建系统化的课程体系。“智造工匠”人才培养课程体系要能把各个学制段有机地衔接起来，对课程进行整合，围绕人才培养目标以及智能制造业人才的职业能力标准，对课程体系进行系统地构建，注重对技术技能的培养，帮助学生建立扎实的知识体系和智能制造专业技术技能。这样系统化的

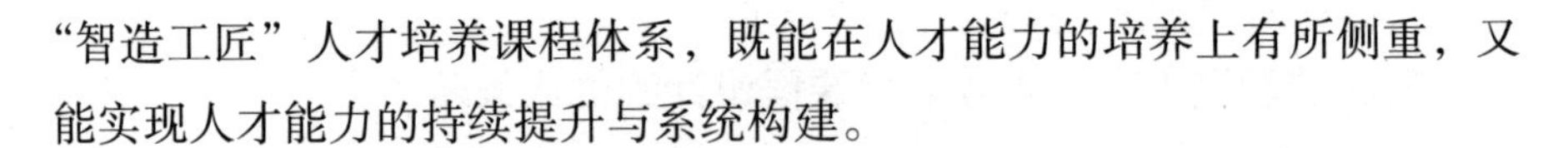

“智造工匠”人才培养课程体系，既能在人才能力的培养上有所侧重，又能实现人才能力的持续提升与系统构建。

（二）增设工匠精神与相关素养培养的课程

“智造工匠”人才培养不仅要注重人才工匠精神的培育，更要注重信息素养、技术素养等相关素养的培育，因此，在课程设计中，这两个方面的课程要有所侧重。智能制造业是未来制造业的发展趋势和核心方向，而工匠精神对于智能制造业来说是弥足珍贵的，培育更多具有工匠精神的“智造工匠”，有助于促进我国制造业的转型升级。因此，在“智造工匠”人才培养课程体系中，需要增设工匠精神培养相关的课程，培育智能制造业未来发展所需要的大国工匠人才，促进我国智能制造业的飞速发展。另外，未来的智能制造业中，大数据、云计算、挖掘技术等人工智能技术将得到更广泛的运用，这就需要在“智造工匠”人才培养中注重学生数据素养、信息素养、技术素养等相关素养的培育，在课程体系方面加强数据素养、信息素养相关课程的设置，使“智造工匠”人才能适应不断发展的行业要求。

（三）注重专业课程群的建设

随着智能制造业的不断发展，相关岗位的职能要求逐渐由单一型向复合型转化。这就要求在“智造工匠”人才培养中，要注重学生对多种学科知识和技能的掌握，注重对其综合素质和综合能力的培养。智能制造业涉及制造科学、信息科学、社会学、经济学、管理学等多种学科领域，“智造工匠”人才培养课程体系也必然体现多种学科交融的课程，拓展学生的知识面，加强专业课程群的建设，促进学生综合素质和综合能力的提高。

（四）课程内容要持续动态化更新

智能化时代，制造业相关的知识与技术更迭迅速，因此要根据智能制造业的新动态、新变化持续更新“智造工匠”人才培养的课程内容。

随着人工智能技术的不断发展，智能制造业许多新技术不断地涌现出来，这必然导致“智造工匠”人才培养中一部分课程内容过时，因此需要及时优化课程体系，淘汰旧的知识内容，根据智能制造业新材料、新设备、新工艺、新技术的要求适时对“智造工匠”人才培养课程进行更新和优化。

（五）创新基于智能技术渗透的课程内容开发方法

“智造工匠”人才培养课程内容的开发一般是以工作任务与职业能力分析为核心的，但是随着智能化发展对人才需求的改变，职业能力与工作任务分析将会作出相应的调整。虽然职业能力在“智造工匠”人才培养中的关键性质并没有改变，但是职业能力的内容性质却发生了根本变化，智能制造产业发展背景下所需要的职业能力是不同的，新的行业发展趋势意味着对能力的重新阐释。在智能制造时代，越发强调工作过程系统化，要求改变过去模块化、碎片化的能力，从根本上改变每个人只会做一点点的情况。对于工作任务分析而言，将更加重视一些基础通用层次的工作任务，面向涵盖核心技能与素养的基础工作任务将成为重点分析的对象。

第二节 “智造工匠”人才培养理论课程教学的实施

“智造工匠”人才培养理论课程教学是一项特殊的认知活动，是在教师的主导下，学生发挥主体作用，师生共同来完成对智能制造相关理论知识的认知并深化的过程。在“智造工匠”人才培养中，理论课程教学发挥着基础和奠基的重要作用，只有在对理论知识掌握的基础上，才能进一步形成对智能制造业技术技能的掌握和理解。

一、“智造工匠”人才培养理论课程教学原则

在“智造工匠”人才培养理论课程教学中，要坚持因材施教、循序渐进、师生协作的原则（图 5-4）。

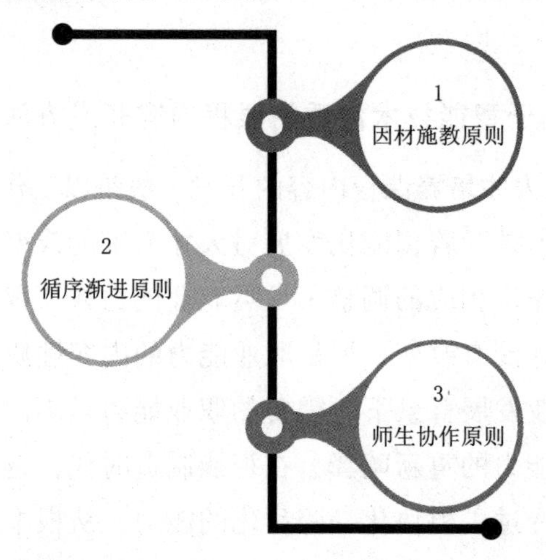

图 5-4 “智造工匠”人才培养理论课程教学原则

（一）因材施教原则

因材施教的原则指的是在“智造工匠”人才培养理论课程教学中，教师根据学生的个体差异，有针对性地安排教学内容和组织教学方法的原则。在具体教学过程中因材施教原则的贯彻，需要教师具有高度的责任感，充分了解每一个学生的性格特点和具体情况，针对不同学生的情况，采取不同的教学手段和教学方法，有的放矢地进行差别性教育，增强理论课程教学的针对性和实效性。在理论课程教学中，教师要重视学生群体的个别差异，立足于学生的实际情况，对学生的知识水平、兴趣爱好、个性特点等方面进行全面地了解，采取具体情况具体分析，特殊情况特殊对待的办法，深入了解和关心学生，正确认识和评价学生，有针对性地开展教学工作，防止教学方式过于程序化、一般化和模式化。

（二）循序渐进原则

循序渐进的原则是指在"智造工匠"人才培养理论课程教学中，教师要结合学生的认知特点和认知规律，合理安排教学进度和教学内容，以便学生能系统地学习和掌握相关理论知识。人们认识某一事物的过程，都是按照不知到知，由低层次认识到高层次认识的规律发展的。教师在理论课程教学中要坚持循序渐进的原则，对学生循循善诱，帮助学生树立良好的学习心态，养成良好的行为习惯。理论课程教学中每一门学科都有严密的逻辑性，教师应充分遵循各学科的逻辑性和教育教学的基本规律，把握事物发展的内在规律，循序渐进地开展理论课程教学。

（三）师生协作原则

在"智造工匠"人才培养理论课程教学中，要坚持师生协作原则。教师的"教"与学生的"学"是紧密结合在一起的，"教"与"学"共同构成了完整的教学活动，教师的主导性和学生的主体性共同构成了师生协作原则。老师和学生之间既要相互尊重和信任，又要相互促进和帮助，实现思想感情和精神追求方面的双向交流，形成一种相辅相成、互为依存的关系。在理论课程教学的开展中，要发挥好教师的主导性和学生的主体性，有效促进师生之间的交流和互动，形成融洽的课堂教学氛围。在理论课堂教学中，如果教师的主导性发挥不好，课堂教学就会呈现混乱、无序的状态，学生很难掌握和抓住课堂重点，很难达到理想的教学效果。同样，学生的主体性如果在理论课堂教学中得不到发挥，缺乏对学习的主动性和积极性，课堂教学效果也无从谈起。素质教育强调学生的主体地位，重视学生主体性的发挥，主张学生在理论课堂学习中充分调动积极性和主动性，在师生互动融洽的氛围中进行学习。学生主体性的发挥和教师的主导地位两者并不矛盾，而是紧密联系、相辅相成的协作关系。在理论课程教学中，教师的指导性越强，学生的主体性就发挥得越好；反之，教师的指导性差，学生的主体性就得不到更好的发挥。教师要坚持师生协作原则，根据学生的特点和爱好兴趣来设计理论课程教学内容，激发学生的学习动力，充分调动学生的积极性和主动性，营造师生之间的融洽氛围；学生在理论课程学习过程中要积极发挥主动性，对不理解不明白的问题主动提问，积极参加体育互动，活跃课堂气氛，师生彼此之间相互配合完成教学目标、提升教学效果。

二、“智造工匠”人才培养理论课程教学的过程

“智造工匠”人才培养课程理论教学的开展过程，一般包括激发学习动机阶段、感知知识阶段、理解知识阶段、巩固知识阶段、运用知识阶段和学习效果评价阶段六个阶段（图 5-5）。

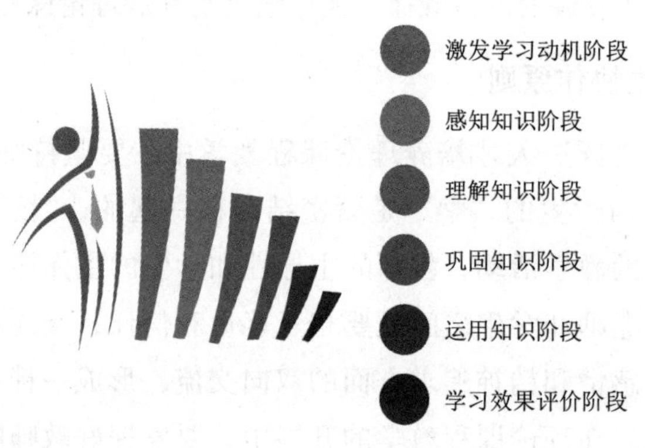

图 5-5 “智造工匠”人才培养理论课程教学的过程

（一）激发学习动机阶段

学习动机是指引发和维持学生的学习行为，并使之指向一定学业目标的一种动力倾向[1]。学习动机的激发需要在一定的教学情境下，教师利用一定的诱因，使学生潜在的学习需要变为行动，形成学生的学习活动与教师的教学活动的协同状态。在“智造工匠”人才培养理论课程教学中，教师要充分激发学生的学习动机，使学生潜在的学习愿望变为主动学习的行为。激发学生学习动机的方法有很多，比较常用的方法主要有

[1] 李婉婷．浅谈大学教师激发学生学习动机策略 [J]. 家教世界（创新阅读）,2013(8)：204-205.

情境创设法、巧设问题法、适度奖惩法、启发思维法等，教师在“智造工匠”人才培养理论课程教学中，需要根据不同的情境、切合实际来采用不同的方式方法，只有这样才能使学生积极主动地投入学习中，并学有成效。此外，教师要注重提高教学的艺术性，能以学生接受的形式来呈现教材内容，激发学生学习的兴趣。相同的教学内容经过不同的教学处理会产生完全不同的教学效果。优秀的教师善于利用教学技巧，使教学内容尽可能新颖、生动、有趣，对学生产生强大的吸引力，激发学生学习的兴趣，充分融入课堂教学活动中，从而提高学习能力和学习效果。

（二）感知知识阶段

学生对知识的认知活动是从感知开始的，这种认知活动需要在教师的引导下进行。一般来说，理论课程教学过程中学生的感知主要源于两种途径：一种是学生通过教学参观、教学实验等活动获得的直接感知；另一种是教师通过语言文字描绘，启发学生对教学内容进行联想，从而形成的间接感知。直接感知可以调动学生多种感官，能使知觉活动成为自觉积极的心理过程，能使感知更完善、更确切，并有利于培养学生的观察力，但教学中的直接感知毕竟是有限的；间接感知虽然也有自身的优势，但由于它不是对现实的直接知觉，所以所引起的表象往往不够真切、完整和稳定。因此，在“智造工匠”人才培养理论课程教学中，需要把直接感知和间接感知紧密结合起来，取长补短，互相补充，才能形成真切鲜明、完整的表象，促进学生对知识的感知。

（三）理解知识阶段

理解知识阶段是教学过程中的中心环节，理解的目的在于引导学生将感知材料与教学内容联系起来，在感知认识的基础上进行思维加工，从而掌握概念原理，真正认识和把握事物的本质和规律。在理论课程教学中，教师需要在此基础上加以引导，学生的认识就会产生质的飞跃，由对事物的感性认识上升到理性认识。理论课程教学中理解知识包括对教材语言、事物类属关系、事物内部组织结构、事物性质、艺术作品主题思想的理解等。在此过程中，学生的认识水平会呈现水平不一的特点，这就需要教师积极引导，充分调动学生思维的积极性，运用比较、分析、综合、抽象、概括、系统的思维方法和归纳、演绎等推理形式来掌握教材中的概念、规律、原理、法则等，认识事物的本质与规律，使学生深刻理解和掌握所学知识。

（四）巩固知识阶段

巩固知识阶段是教学过程中的必要阶段。巩固知识是引导学生将所学的知识形成记忆储存在脑海中，在需要的时候能迅速提取出来。学生只有在对知识理解的基础上才能牢牢掌握所学的基础知识，顺利吸收新知识。在“智造工匠”人才培养理论课程教学中，学生的学习以书本学习、间接经验的学习为主，缺少亲身体验和实践活动，因此需要学生对所学知识进行及时巩固，加深对知识的记忆。教师要引导学生掌握记忆的技巧和方法，形成良好的记忆品质，提高学生的记忆力，把机械记忆与理解记忆紧密结合起来，达到巩固知识、增强记忆的目的。

（五）运用知识阶段

掌握知识的目的在于对知识的运用，运用知识是将所学的知识用于解决实际问题的过程。在“智造工匠”理论课程教学过程中，不能单纯地依靠对知识的理解，学生只有巩固所学知识，学会对知识的灵活运用，才能通过教学实践活动形成技术、技能，促进学生分析问题、解决问题能力的提高。此外，学生对知识的运用需要通过教学实践活动来实现，学生理解了知识并不等于会运用，牢固地掌握了知识不等于形成了技能、技巧。要使学生对概念、原理、公式的理解和掌握，发展到能运用于实际，形成技能、技巧，仅仅依靠动脑是不够的，还要引导学生学会动口、动手，进行反复练习与实际操作，通过如完成各种口头或书面作业、实验、实习作业以及参加社会实践活动等形式来实现对知识的运用，提高对知识的迁移能力和创造能力。

（六）学习效果评价阶段

通过学习效果评价，对学生知识的掌握和运用情况进行检查和评定，是教学过程的必要阶段，也是评价教学质量的重要依据。“智造工匠”人才培养理论课程教学是一项有计划、有目的的活动，在教学活动的开展过程中，教学计划的执行情况、学生对所学知识的掌握情况、教学中存在的不足和问题等都需要通过学习效果评价及时反馈出来。教师根据学习效果评价的反馈信息，能够及时调整教学策略，采取相应的措施，促进教学活动的顺利开展。

需要特别说明的是，理论课程教学中的这六个阶段并不是各自孤立存在的，而是一个相互联系、相互促进、相互渗透的有机整体，全面贯穿于整个教学过程之中。教师要根据各学科课程教学的特点、学生接受能力、具体教学任务和教学内容，合理、灵活、创造性地加以安排和运用，从而保证“智造工匠”人才培养教学的顺利进行和人才培养效果的提升。

三、“智造工匠”人才培养理论课程教学的策略

在“智造工匠”培养理论课程教学中，比较常用的教学方法有角色扮演教学法、探究式教学法、知识讲授教学法、谈话教学法、发现问题教学法、讨论教学法、演示教学法、练习教学法等，下面进行简单的探讨（图 5–6）。

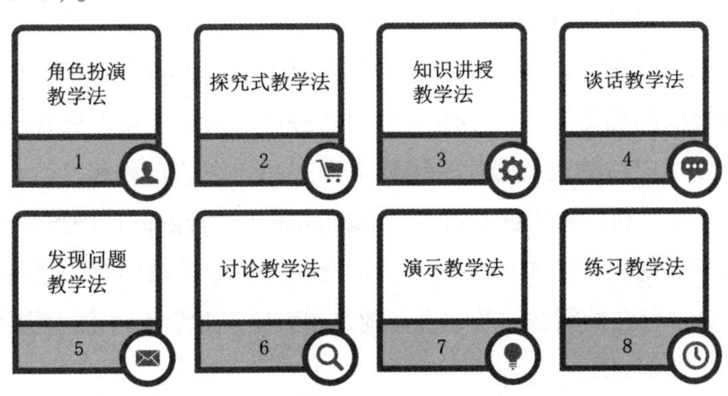

图 5–6　“智造工匠”人才培养理论课程教学的策略

（一）角色扮演教学法

角色扮演教学法是一种以培养学生正确社会行为和价值观念的教学方法。角色扮演教学法通过为扮演者提供一个较为真实的情境，使扮演者在情境中感受所扮演角色的思想、情感和态度，从而不断澄清自身的价值观念，形成正确的价值观[1]。角色扮演教学法突出操作性，讲究趣味性，注重实效性，兼顾学理性，在“智造工匠”人才培养教学过程中运用角色扮演法，能够让学生置身于真实的智能制造工作情境中，通过切身体验杰出的工匠在操作中的行为表现而获得感悟，从而唤醒他们对工匠精神的认知和情感，并把学到的理论知识运用到学习和实践中，使工匠精神内化于心、外化于行，增强工匠精神认同。

（二）探究式教学法

探究式教学法又称研究教学法，是指学生在学习概念和原理时，教师只是给他们一些事例和问题，让学生自己通过阅读、观察、实验、思考、讨论、听讲等途径去独立探究，自行发现并掌握相应的原理和结论的一种方法[2]。该方法是在教师的指导下，以学生为主体，让学生自觉地、主动地探索，掌握认识和解决问题的方法和步骤，研究客观事物的属性，发现事物发展的起因和事物内部的联系，从中找出规律，形成自己的概念。在“智造工匠”人才培养过程中，探究式教学法能加深学生对智能制造专业的相关概念和工匠精神的理解，学生在相互交流中，产生思维的碰撞，对创造思维的形成大有裨益。同时，工匠精神本质上是一种实践精神，在合作过程中，以解决问题为导向，小组成员团结协作，集思广益，更容易达成目标，而目标达成后的成就感使小组成员建立起强大的自尊和自信，从而产生强烈的学习动机，对工匠精神所蕴含的品质产生强烈的认同感和归属感，从而提升学生对工匠精神的认同。教师在探究式教学法的运用过程中要密切关注讨论中存在的问题，及时进行调整和引导，对学生讨论过程中的“闪

[1] 郑润．角色扮演法在中职数学教学中的应用研究 [J]. 现代职业教育，2016(32)：43–45.

[2] 高荣侠．教师教学方法创新与实践 [M]. 吉林出版集团股份有限公司，2021：49.

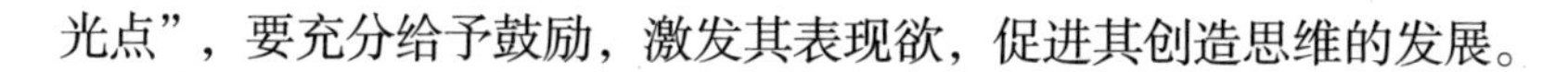

光点”，要充分给予鼓励，激发其表现欲，促进其创造思维的发展。

（三）知识讲授教学法

知识讲授教学法指的是在“智造工匠”人才培养过程中，教师运用简明、生动的空头语言向学生进行相关理论知识和技能技巧传授的方法。知识讲授教学法在教学发展史上一直占据重要地位，无论过去还是当前，知识讲授教学法都应是学校教学中既经济又可靠，而且最为常用的一种有效方法。在实际教学过程中，知识讲授教学法又可以分为讲述、讲解、讲读、讲演等不同的形式。这些不同的形式又分别具有各自不同的特点。讲述是以叙述或描述的方式向学生传授知识的方法；讲解是教师向学生说明、解释和论证科学概念、原理、公式、定理的方法；讲读主要采用讲和读交叉进行的方法，不仅包括老师的讲和读，也包括学生的讲和读；讲演指的是教师对一个完整的课题进行系统的分析、论证并做出科学结论的一种方法。这几种形式都是“智造工匠”人才过程中比较常用的。教师在使用这些方式时，要充分考虑学生的听讲方式，使教师的主导作用与学生的自觉性、积极性紧密结合起来。知识讲授教学法对教师来说是一种传授的方法，而从学生的角度来说则是一种接受性的学习方法。因此，在知识讲授教学法的实施过程中，教师不仅要注重所传授知识的科学性和思想性，而且要站在学生的角度考虑学生的接受问题，内容的安排上要符合学生认知发展的规律，讲述语言要符合学生的接受习惯和启发性，尽量做到准确精练、生动形象，善于使用启发诱导的语言巧设疑问，在对智能制造相关知识理解的基础上引发学生的深度思考，将知识教学、思想教育和启发智力三个方面有机结合起来，使学生在较短的课堂时间内获得愉快的课堂体验和较为全面系统的知识。

（四）谈话教学法

谈话教学法也就是平常所说的问答教学法，指的是在“智造工匠”人才培养过程中，教师按照相关的教学要求向学生提出问题，学生进行回答，利用问答的形式来引导学生获取新知识和巩固旧知识的一种教学方法。谈话教学法可以分为引导性的谈话、传授新知识的谈话、复习巩固知识的谈话和总结性谈话等几种形式。无论哪种形式的谈话，都要设计不同类型的相应问题，开展不同形式的谈话活动，调动学生的积极性。这是发挥谈话教学法作用的关键所在。谈话教学法的发展历史相对也比较悠久，是一种比较常用、行之有效的教学方法。我国古代大教育家孔子就很善于利用谈话教学法来启发学生的思维，他主张教学要循循善诱，运用“叩其两端”的追问方法。古代希腊哲学家苏格拉底也很善于运用谈话教学法来进行教学。苏格拉底并不直接传授知识和经验，而是提出问题，激发学生本人寻求正确的答案。当学生提出问题或做出错误的回答后，他也不直接进行纠正，而是提出补充问题，把学生进一步引向谬误，然后促使他认识与改正错误。在现代学校教育中，谈话教学法也被广泛采用。在“智造工匠”人才培养过程中，要善于运用谈话教学法提出具有趣味性、启发性的问题，从而引发学生的思考，教师再加以诱导和启发，拓宽学生的思维，加深学生对知识的理解和认识。在理论课程教学后要及时进行归纳和总结，以便纠正教学过程中一些不正确的观点和认识，使学生形成系统化、科学化的知识体系。谈话教学法能够照顾到每一个学生的特点，具有激发学生的思维活力，培养学生的独立思考能力和语言表达能力，唤起和保持学生的注意力和兴趣的优点。教师通过谈话能够直接了解学生对相关理论知识和技术技能的掌握程度，根据教学反馈信息对“智造工匠”人才培养教学效果进行检验，从而及时改进教学中存在的不足，促进学生学习兴趣的提高，有效提升教学的效果和人才培养的质量。

（五）发现问题教学法

教育的功能是传道、授业、解惑，培养学生掌握比较扎实的基础知识。在教育中，最重要的是培养学生发现问题的能力。在“智造工匠”人才培养过程中，教师要善于运用举一反三、以一当十的方法，让学生们充分开动脑筋，开发他们发现问题、解决问题的能力。这种发现问题教学法是国外教育中的成功经验，我们可以借鉴，灵活地运用。发现问题教学法要求教师在创设问题情境、问题阐述、独立提出并探讨问题等方面开展教学活动；与此相应，“问题式”学习则要求学生在问题情境条件下，去独立地（或借助教师）分析问题、阐释问题，提出解题假设，最后检验其正确与否。发现问题教学法的步骤如下：

（1）提出使学生感兴趣的问题。

（2）将确定的问题分解为若干具体的小问题，提出初步的假设与答案。

（3）围绕问题收集与组织有关资料。

（4）组织审查有关资料，从中引出可能的结论。

（5）引导学生进行分析，证实结论，以便使问题得到比较满意的答案。

（六）讨论教学法

讨论教学法指的是学生以全班或小组为单位，在教师的指导下，围绕教学中的中心问题开展讨论，发表自己的观点和看法，从而获取知识和巩固知识的一种教学方法。讨论教学法需要学生在具备一定基础知识、理解能力和独立思考能力的基础上进行，讨论的问题要具有一定的典型性和代表性，能对学生形成启发和引导，讨论教学法课后同样需要进行及时总结，发现教学过程中存在的问题。讨论教学法的优点在于学生参与的普遍性，并且通过对所学知识的讨论，学生之间可以集思广益，相互启发、相互学习，在加深对知识的理解和认识的同时能够培养学生的合作精神和钻研精神。讨论教学法既是对新知识的学习，也是对旧知识的巩固，既可以单独运用，也可以和其他教学方法配合使用。通过讨论教学法，学生之间能够取长补短形成对学习内容的新认知，还可以激发学生的学习兴趣，提高学习情绪，培养学生钻研问题的能力，提高学生学习的独立性。

（七）演示教学法

演示教学法指的是在“智造工匠”人才培养教学中，教师通过展示实物、直观教具或示范性实验使学生获得知识和巩固知识的教学方法。演示教学法通常作为一种辅助性教学方法与其他常见教学方法结合使用。演示教学法在教学开始之前需要根据课堂教学的需要，准备相关的教具、选取典型的实物，最好将演示过程或演示实验在课前先试做一遍。通常演示方法分为实物或模型演示、标本演示、图片图画演示等几种形式，便于学生明确演示的目的、要求和过程，使学生获得某一事物或现象的外在感性认识。

演示教学法在教学过程中，需要与教学内容紧密配合、同步进行，教学中用到的展示实物、教学道具等需要在合适的时间出现，否则容易造成学生注意力的分散。此外，在演示过程中，教师要结合情景向学生适时提出问题，进行点拨和引导，引发学生积极思考，以便获取最佳的教学效果。

（八）练习教学法

练习教学法指的是学生在教师的指导下，运用知识去反复完成一定的操作并形成技术技能的教学方法。练习教学法的应用非常广泛，几乎在各个学科中都得到了普遍使用。练习教学法按照培养能力来划分，一般分为口头练习、书面练习和实践操作练习几种形式；按照对技术技能的掌握进程来划分的话，一般分为模仿性练习、独立性练习和创造性练习等几个方面。教师组织练习要有变式，保证学生练习的兴趣，要避免单调练习引起学生厌倦，同时，教师要根据学生的具体情况，对不同的学生提出不同的练习要求，练习方法要多样化。

在“智造工匠”人才培养过程中，练习教学法的运用需要使学生明确练习的目的和要求，引发积极的练习动机，避免练习的盲目性，保证练习的结果和质量，促进理论知识向实践技术技能的转化。在练习教学法的使用过程中，要进行合理安排，对练习的数量、难度、速度等方面都要进行明确要求，使练习有计划、有步骤，由易到难、由简单到复杂，循序渐进地开展。对练习结果及时进行检查讲评。教师及时向学生反馈练习结果，能使学生巩固与发扬练习中的优点，及时纠正练习中发现的缺点与错误，这是促进练习、获得进展的重要条件。

第三节 "智造工匠"人才培养实践教学的开展

实践教学一般是指围绕学校人才培养目标定位，运用科学的理论和方法，对实践教学的各个要素进行整体构架，通过合理设置实验课程和实践环节，建立起来的与理论教学并行并重的教学体系[1]。实践教学是"智造工匠"人才培养全面实施的一个重要环节，它能将理论课程教学中的理论知识转化为技术技能，应用于智能制造业生产实践之中，实现富于工匠精神、擅长应用、熟练操作的"智造工匠"人才培养目标。

一、"智造工匠"人才培养实践教学的重要意义

"智造工匠"人才培养实践教学具有重要的意义，主要体现在以下三个方面（图 5–7）。

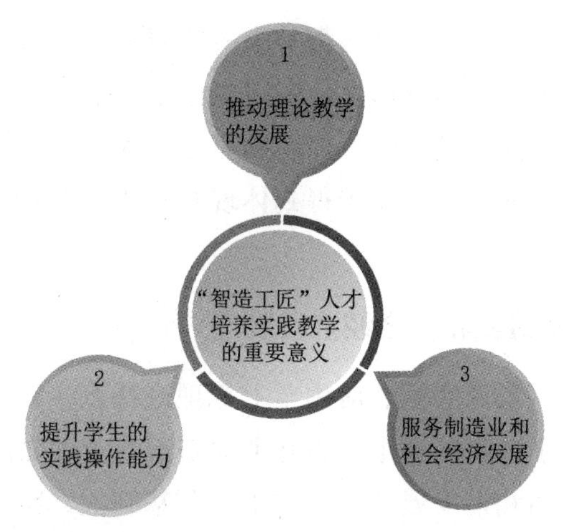

图 5–7 "智造工匠"人才培养实践教学的重要意义

[1] 孔繁敏．应用型本科人才培养的实证研究：做强地方本科院校 [M]. 北京：北京师范大学出版社，2010：149.

（一）推动理论教学的发展

随着科学技术的不断发展，智能制造业生产中的智力因素也在不断增长，理论知识必须应用于实践之中、接受实践的检验才能实现不断发展。同样，在“智造工匠”人才培养实践教学中，理论教学中的一些理论经过实践教学转化为学生应用和解决问题的能力，同时理论教学的成果也得到了进一步的巩固，为理论教学的发展提供了契机。理论教学与实践教学是“智造工匠”人才培养中的两大组成部分，两者相互依存、相互促进、密不可分，共同服务于“智造工匠”人才培养的目标。

（二）提升学生的实践操作能力

实践教学是“智造工匠”人才培养中理论联系实践的一个有效手段，对学生的学习能够起到事半功倍的效果。实践教学让学生真正领悟事物的内在关系，在实践中掌握事物的变化规律。实践能以问题驱动的方式启发学生的思维，引导学生更好地理解、掌握、发现规律，尝试解决问题的途径，从而促进学生主动学习、积极思考、动手操作，引发学生的创新意识。一切理论的教授最终都是为实践服务的，只有将理论运用到实践中，才能体现理论的价值。在实践教学中，学生的动手能力会得到有效提升。面对实际问题，学生们动脑思考，动手操作，克服操作过程中遇到的困难，使其创造性思维得到体现和升华，提升学生们的实践操作能力。

（三）服务制造业和社会经济发展

实践教学具有崇尚实用、应用至上等理论特点，教育理论与生产实践的结合，有助于提高社会生产力并消除知识与劳动之间的分离和对立现象，在培养全面和谐发展的“智造工匠”基础上，服务于我国经济发展和社会进步。在我国经济结构的调整和制造业转型升级的背景下，行业对智能制造人才实践能力的要求也越来越高。“智造工匠”人才培养实践教学结合我国制造业发展的实际需要，培养适应智能制造时代发展的实践应用能力强、富有工匠精神的高素质人才，对我国制造业和社会经济的发展将起到重要的促进作用。

二、“智造工匠”人才培养实践教学中实训基地的建设

“智造工匠”人才培养实践教学中实训基地的建设具有重要意义，它是实现教学目标和人才培养目标的关键条件之一。实训基地建设的好坏直接影响到教学水平的质量，也是能否培养出适应智能制造业发展的“智造工匠”人才的决定性因素。“智造工匠”人才培养实践教学实训基地建设可以分为校内实训基地的建设和校外实训基地的建设两大部分。

（一）校内实训基地的建设

校内实训基地在“智造工匠”人才培养实践教学中主要承担着日常教学的实习和仿真模拟练习。校内实训基地需要具备先进的技术设备、健全的管理制度等，以便能够更好地完成教学计划和教学任务（图 5-8）。

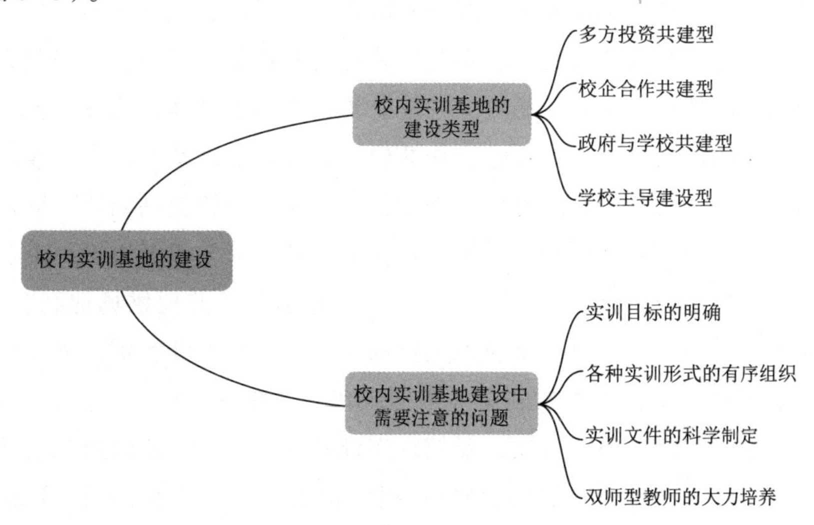

图 5-8　“智造工匠”人才培养实践教学中校内实训基地的建设

1. 校内实训基地的建设类型

校内实训基地包括多方（政府、企业、社会、学校等）投资共建型、

校企合作共建型、政府与学校共建型、学校主导建设型等模式。

（1）多方投资共建型。多方投资共建型是指实践教学中的校内实训基地由政府、企业、社会和学校多方投资兴办，办学中的各种情况由多方协商解决。多方投资共建型的建设模式能够充分发挥政府、企业、社会和学校的各自优势，能够有效提升实训基地的水平。多方投资共建型具有多方共建主体，一般是学校通过在特定专业上与政府、企业或行业进行合作，在校内进行实训基地建设，实现“智造工匠”人才培养。在合作方式上，多方投资共建型具有很大的灵活性，合作形式相对自由，有的以学校为主进行建设，有的以企业或行业为主进行建设。多方投资共建型模式中，学校可以充分利用企业或行业部分的资金、信息、技术等优势，进行智能制造业相关技术技能的培训，以便提升校内实训基地的建设水平。

（2）校企合作共建型。校企合作共建型是指学校和企业通过多种形式开展合作，进行实训基地的建设，培养学生智能制造业的相关技术技能，双方协作育人的模式。校企合作共建型能够充分利用学校和企业的资源优势，理论与实践相结合，共建共享校内实训基地，培养适合社会经济发展的高素质人才。校企合作共建型的校内实训基地建设一般存在两种形式：一种是校企共同体，即学校和企业组建校企共同体，即以企业命名的二级学院，开设订单班，校企双方签订人才培养协议，企业全程参与学校的人才培养过程，学校负责理论教学，并提供场地和管理，企业提供设备，并选派高级技术人员到学校组织生产和实训。另一种是股份制实训基地，即学校和企业依据现代企业制度，以生产要素股份、资本股份、智力股份的构成，对校内实训基地进行股份制改造或直接建立具有实际生产经营资质的股份制企业，以增强实训基地的自我造血功能，增强滚动发展能力，保证实训基地的可持续发展。校企合作共建型的校内实训基地建设模式有利于丰富“智造工匠”人才培养实践教学内容，推动专业建设和课程改革的发展。通过校企共建校内实训基地的教育模式，企业和学校之间加强了合作和联系，关系变得更为紧密。

（3）政府与学校共建型。政府与学校共建型是指由各级政府和学校共同组建校内实训基地，实现“智造工匠”人才培养的模式。政府与学校共建型一般分为中央财政投入为主的建设模式和地方财政投入为主的建设模式两种。中央财政投入在政府与学校共建型校内实践基地建设中起到扶持、引导和示范的作用，目的是鼓励地方政府积极参与实训基地的建设，加快地方基础建设，改善高校的办学条件，为智能制造业发展培养高质量高素质人才。

（4）学校主导建设型。学校主导建设型模式是指校内实践基地的建设以学校投资为主，各类政府和企业投入为辅的校内实训基地建设模式。学校主导建设型的校内实践基地建设中，学校大多具备师资、科研技术等方面的优势，通过这些优势吸引社会各方面参与进来，共建校内实训基地，实现“智造工匠”人才培养的目的。学校主导建设型模式一般分为学校自筹资金、社会赞助等形式。在这种模式下学校占主导性地位，实践教学活动主要由学校负责，根据实践教学计划来进行统一安排。

2. 校内实训基地建设中需要注意的问题

“智造工匠”人才培养校内实训基地的建设中涉及多方面问题，如何才能发挥校内实训基地建设的作用，切实锻炼学生动手能力和实践操作能力，是“智造工匠”人才培养中的重点问题。在“智造工匠”人才培养校内实训基地建设中需要注意以下几点：

（1）实训目标的明确。“智造工匠”人才培养在进行校内实训基地建设时，首先要明确实训目标。在明确实训目标的基础上，对经费的投入要进行合理分配，所购置的软硬件设施要符合社会经济发展的需求，符合当前智能制造企业技术水平和技术技能操作的要求，能够为培养学生的职业技能和职业能力提供切实的帮助，有利于实训目标和人才培养目标的实现。实训基地建设要充分利用学校现有资源，与企业生产有效结合起来，完善学校重点专业的项目建设，为社会发展提供智能制造技术型紧缺人才，提高实训基地的利用效率，注重社会效益和经济效益的统一。

（2）各种实训形式的有序组织。“智造工匠”人才培养实训形式一般包括课程实训、专项技能实训和综合实训。在实训教学开展过程中，各种实训要按照分阶段、分层次的形式有序组织开展，不能出现只重视某种实训形式，顾此失彼的情况，要结合智能制造企业行业的岗位具体要求，做好各种实训形式的开发和建设工作。特别是在实训课程工作开展过程中，要通过专家咨询明确专业的主干课，从而确定专业目标，在课程中有针对性地进行相应技术技能的训练，实现理论联系实际，培养操作能力和技术技能的目的。

（3）实训文件的科学制定。“智造工匠”人才培养实训教学中所用到的文件要能反映科技进步和智能制造行业发展的最新动态，这样培养出的人才才能符合企业的需求和实际需要。实训文件的内容一般包括实训教学计划的制订、实训项目的设置和实训教材的编写等方面。实训文件需要在相关专家的指导下，依据行业的技术标准来进行制定。实训文件的制定一定要把握智能制造行业的最新形势和动态，需要与行业企业开展合作，保证最新信息的获取，以便实训文件的随时更新。

（4）双师型教师的大力培养。双师型教师既具备理论知识又具备实践能力，在校内实训建设中起到重要作用，因此，要把双师型教师的培养作为校内实训建设的一项重要工作来抓。目前双师型教师相对来说数量较少，为适应教育新形势的要求，各院校必须通过多种形式鼓励中青年教师到各大企业顶岗实习，通过实际锻炼来提高教师的实践技能水平，使教师在丰富理论知识的基础上具备实践动手能力，这样，双师素质教师在指导学生实习实训的时候就更具说服力，而具备双师素质的教师从教也会更加得心应手。因此，高校必须制定一些规章制度，鼓励中青年教师转型为双师型教师，或者从企业引进一些能工巧匠，来增加院校双师型教师的数量。

（二）校外实训基地的建设

校外实训基地是“智造工匠”人才培养实践教学的重要组成部分，

是促进学生实现与智能制造业零距离接触，获得职业能力和综合素质全面提升的实践训练平台（图 5-9）。

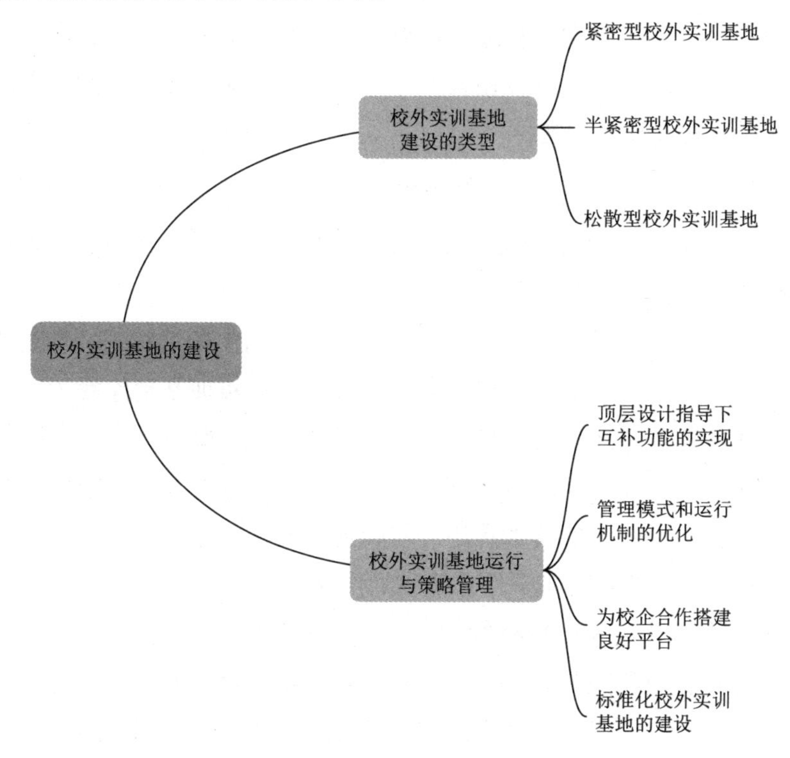

图 5-9 “智造工匠”人才培养实践教学中校外实训基地的建设

1. 校外实训基地建设的类型

校外实训基地建设中，按照与企业合作程度的不同，可以分为紧密型校外实训基地、半紧密型校外实训基地和松散型校外实训基地。

（1）紧密型校外实训基地。紧密型校外实训基地是指与学校建立了长期稳定的合作关系，签订了规范的合作协议，有频繁的双向交流，能充分发挥校外实训基地的基本功能，能较好地完成实习、实训任务，并连续多年接受学生进行实习和专业实训，能够定期接受学生顶岗实习，能够选派实践指导教师，能够接收毕业生的校外实训基地。

（2）半紧密型校外实训基地。半紧密型校外培训实训基地是指与学校建立了稳定的合作关系，签订了规范的合作协议，有双向交流活动的开展，能够为学生提供现场参观、实习等活动。

（3）松散型校外实训基地。松散型校外实训基地是指与高等职业院校之间签订了规范的协议，在合作方面有初步意向，对学生的实训、实习只能进行有选择性的安排。

2. 校外实训基地运行与管理策略

“智造工匠”人才培养实践教学中，校外实训基地的运行与管理的具体策略如下：

（1）顶层设计指导下互补功能的实现。“智造工匠”校外实训基地需要在顶层设计的指导下，实现功能的互补。校外实训基地除发挥校内基地辅助的功能外，还担负着科学研究、教学改革、服务社会等一系列功能。依托校外实训基地，学生可以及时了解智能制造业行业企业的相关发展动态，掌握企业的技术运用、实际流程操作、用人需求等信息，充分接触和体验企业的真实工作环境和工作内容。

（2）管理模式和运行机制的优化。在校外实训基地的建设过程中，要做到有效管理和充分利用，才能有效发挥校外培训基地的职能和应有价值。学校要专门成立校外实践基地项目领导小组，由系主任负责，并专门任命人力资源管理专业主持人为实践基地项目主任。人力资源管理骨干教师、辅导员等出任领导小组成员，分别负责实践基地的运营管理、宣传、协调等工作。校企双方共同建立实训基地管理委员会，由校企双方主要领导担任实践基地的负责人。采取双方互惠互利、协同发展的理念进行校外实训基地的共同管理。在校外实训基地的建设过程中，校外管理委员会要定期召开会议，针对实践教学模式的改革、人才培养方案、实习人员管理等方面开展讨论，制订出可行性方案。以管理委员会校企共同管理实训基地的模式，改变了企业单方面管理实训基地的局面，在一定程度上减轻了企业的负担，加强了教师对实训基地的日常工作介入，充分保障了学生的权益，校企双方共同组织实践教育项目，共同评价实践教学项目的质量，有利于实训基地的健康发展。

（3）为校企合作搭建良好平台。校外实训基地是作为培养学生实践能力和职业素质的重要场所，“智造工匠”人才培养需要搭建校企合作的良好平台，发动企业参与学校智能制造业相关专业建设，通过定期开展实训基地建设研讨会、人才培养方案论证会、实习宣讲会、企业文化宣讲等活动，让企业真正了解学校的人才培养目标，学校也可以及时了解企业的需求变化和发展动态，通过优势互补，实现校企的互惠互利，实现实践模式创新。

（4）标准化校外实训基地的建设。校外实训基地的建设要符合社会经济发展和产业结构调整需要，体现专业水平。设备的技术水平应与智能制造业行业发展水平基本持平，同时要考虑与国际先进水平接轨。实训基地的场地和设备布置要便于教学的开展，也要尽量与企业的真实环境相同，使学生按照未来职业岗位群的要求进行实际操作。学校要以教育部有关行业部门制定的人才培养培训指导方案作为主要依据，广泛吸收行业和企业专家的意见和建议，推进实训基地标准化建设工作。

第六章　“智造工匠”人才培养师资队伍的建设

第一节　“智造工匠”人才培养师资队伍建设理念的创新

国际竞争是综合国力的竞争，而综合国力的竞争归根结底是人才的竞争。中国智能制造业的未来发展在很大程度上取决于“智造工匠”人才的培养，而“智造工匠”人才培养的关键是拥有一支优秀的师资队伍。只有以创新的理念深化对“智造工匠”人才培养师资队伍的建设，才能促进师资队伍建设的健康发展，进而推进“智造工匠”人才培养工作的顺利开展。

一、“智造工匠”人才培养师资队伍建设理念创新的重要意义

在“中国制造 2025”战略背景下，“智造工匠”人才培养师资队伍建设的理念创新具有十分重要的意义。中国智能制造业的发展取决于具有工匠精神、创新精神和实践能力的“智造工匠”人才的培养，而要完成这一使命，需要建设一支高素质、高层次的师资队伍。师资队伍的建设一定要以全新的理念为指导，要适应“智造工匠”的创新性要求，能够承担起新型人才培养的重任、适应日益激烈的发展形势，具有较强的学习精神、奉献意识，能够积极探索创新的方式方法融入教学科研之中，启发学生的创新思维和创造能力。

此外，“智造工匠”人才培养师资队伍建设理念的创新对推进学校内涵建设、深化教学改革具有重要意义。首先，“智造工匠”人才培养师资队伍建设理念创新是贯彻落实国家发展战略的基本要求。智能制造业的发展、产业的转型升级，都迫切需要“智造工匠”方面创新型人才的支撑。高校作为“智造工匠”人才培养的基地，具备一支优良的、以创新理念武装的师资队伍，才能够勇担重任，贯彻落实国家的发展战略，为国家的发展和制造业的兴起培养更多的人才。其次，“智造工匠”人才培养师资队伍建设理念创新是推动高等教育内涵式发展的根本条件。推动高等教育内涵式发展，是新的历史时期我国高等教育深化改革、科学发展的基本方向，也是高等学校自身发展的必然选择，这也决定了高校谋划发展、推动发展必须更多地在内涵发展上做文章。高层次创新型师资队伍是全面提高办学水平和教育质量的核心要素，是推进内涵式发展的关键。高校应把“智造工匠”人才培养师资队伍建设理念创新放在更加突出的位置，着力推进人事制度改革，着力形成汇聚人才和发挥作用的机制，着力营造利于人才奋发有为、干事创业的良好氛围，大力推动内涵建设。最后，“智造工匠”人才培养师资队伍建设理念创新是提升人才培养质量的迫切需要。近年来，为了保证人才质量，教育主管部门通过全面评估、专项评估等形式，对高等学校办学情况进行评判、评价。而各类评估都离不开对师资队伍的评估，这对深入实施人才强校战略，“智造工匠”人才培养师资队伍建设理念创新提出了更迫切的要求。高校要依照评估要求，积极创造条件，更加准确地把握特色定位、办学思路、教学改革的有关要求，创新师资队伍建设理念，有针对性地加强“智造工匠”人才培养师资队伍建设。只有这样才能适应不断发展的智能制造业的需要，为提升人才培养质量创造条件。

二、“智造工匠”人才培养师资队伍建设理念创新的构建

“智造工匠”人才培养师资队伍建设理念创新需要构建全新的机制，全面提高师资队伍水平（图 6–1）。

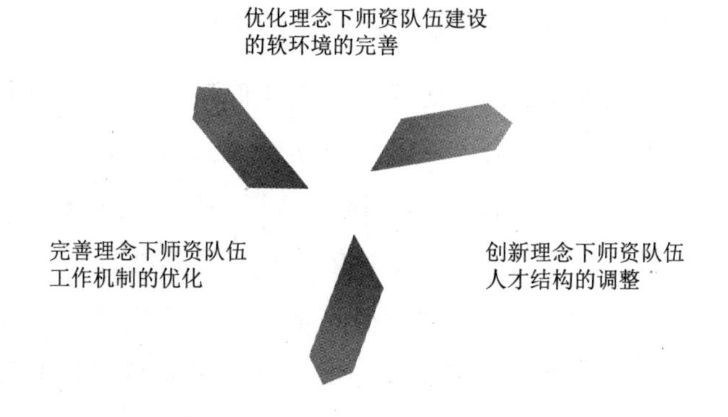

图 6-1 “智造工匠”人才培养师资队伍建设理念创新的构建

（一）优化理念下师资队伍建设的软环境的完善

“智造工匠”人才培养师资队伍建设理念创新需要对软环境进行优化，提高整体服务意识。首先，学校要加强党管人才原则，树立服务意识。学校各级党组织要从宏观政策、协调等方面做好服务工作，树立以人为本的理念，对师资队伍人员提出的不同服务诉求积极给予回应，解决好他们的后顾之忧，使师资队伍能够全神贯注地投入科研教学工作之中，为学校的发展和人才培养工作发挥应有作用。其次，要营造师资队伍成长的软环境，加强和谐文化建设。学校要加强对“智造工匠”人才培养师资队伍重要性的宣传，树立和表彰那些不浮躁、能创新、善创造的好典型，形成崇尚创新专家、教学名师、科研尖子、服务能手的舆论导向；引导院系注重和谐文化建设，在院系、教研室克服文人相轻的现象，营造团结协作的工作环境、和谐融洽的人际环境、民主活泼的学术环境、鼓励创新和宽容失败的人文环境，支持创新、引导创新，培养创新型教学、科研和管理骨干。最后，要重视师德建设，实现业务创新能力和个人职业道德素养双提升。加强教师职业理想和职业道德教育，鼓励教师立足讲台干事创业，形成良好的学术道德和学术风气，增强教师的大局意识和团结协作意识，提高教师为学校发展贡献力量的自觉性、主动性和创造性。

（二）完善理念下师资队伍工作机制的优化

首先，学校要做好规划。要将“智造工匠”人才培养师资队伍建设工作与相关学科建设相结合，对师资队伍现状进行综合分析，明确师资队伍建设的具体方向和具体目标，做好师资队伍人才引进工作。其次，做好师资队伍的培养工作。“智造工匠”人才培养师资队伍建设要引进和培养两手抓，注重培养更可能拥有主动权。学校创造条件鼓励在职教师进行业务培训、进修和攻读学位，也可以对培养对象在课题研究、论文专著出版、学术交流等方面，特别是创新研究方面给予重点支持。基层教学单位要关注师资队伍培训培养，突出提高创新能力这一目标，加强培训和“传帮带”，建立培养计划、培育计划、奖励办法等工作激励机制，推动教师努力提高自身水平。最后，要抓考核。积极探索创新型教师的考核机制，努力建立优胜劣汰的竞争机制，引导大家多出科研成果，提高教学效果，使师资队伍中的优秀人才脱颖而出，为其提供施展才华的舞台。

（三）创新理念下师资队伍人才结构的调整

“智造工匠”人才培养师资队伍建设理念创新机制的构建要优化创新师资队伍人才结构，实施“杰出人才引进计划”“青年骨干教师培养计划”等师资队伍培养工程，促进智能制造相关专业人才培养可持续发展的支持体系。此外，学校还可以通过加快重点实验室建设、特色研究中心建设、实施学校重大科研计划等项目，抓紧引进、培养和造就一批具有创新能力的中青年学术带头人和学术骨干，大力推进创新团队建设，形成“学术带头人＋优秀团队”的师资队伍格局，优化师资队伍人才结构，从而带动整个师资队伍建设工作。

三、“智造工匠”人才培养师资队伍建设理念创新的主要内容

“智造工匠”人才培养师资队伍建设理念创新的主要内容包括以下两个方面（图 6–2）。

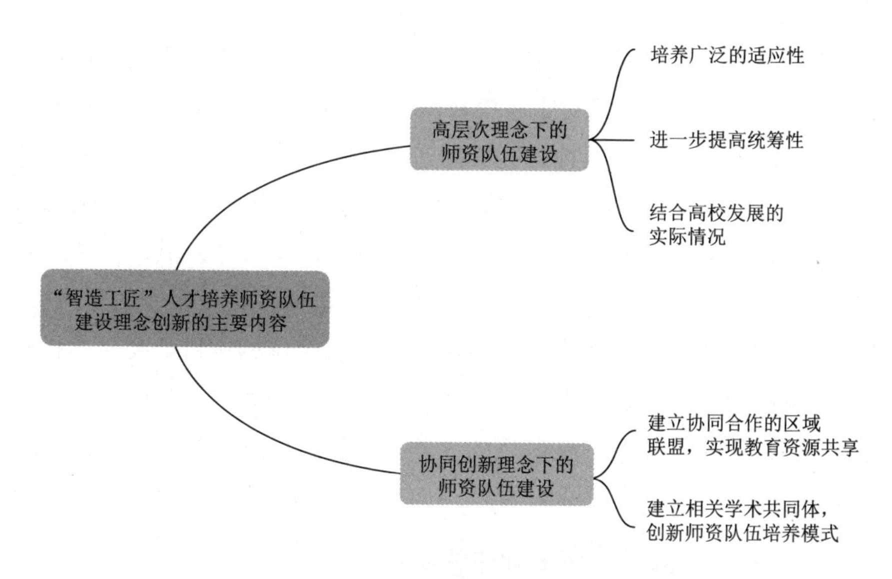

图 6-2 “智造工匠”人才培养师资队伍建设理念创新的主要内容

（一）高层次理念下的师资队伍建设

“智造工匠”人才培养师资队伍建设要树立高层次理念，努力提高师资队伍的业务能力、教育素养等。首先，高层次理念下“智造工匠”人才培养师资队伍建设要注重广泛适应性的培养。从我国目前发展情况来看，“智造工匠”人才培养师资队伍建设情况与高等教育内涵式发展的要求以及智能制造业的发展需要还存在一定的差距。学校要积极更新发展理念、拓展办学空间，建设具有广泛适应性的高层次的师资队伍，以便培养更多具有工匠精神、创新能力的“智造工匠”人才。其次，高层次理念下“智造工匠”人才培养师资队伍建设要进一步提高统筹性。学校要对相关学科建设方向和“智造工匠”人才培养师资队伍导向进行统筹安排，重点培养智能制造相关学科的高素质科研队伍、优秀师资队伍，加强对人才培养的重视程度，努力推进师资队伍建设和教学科研管理工作。最后，高层次理念下的“智造工匠”人才培养师资队伍建设应该结合高校发展的实际情况进行。要遵循师资队伍建设的基本规律，以全新的理念来强化师资队伍建设。其一，要强化培育理念。新发展形势下，要加快智能制造业的发展，推进产业结构优化升级，需要智能制造业高层次人才队伍作为支撑，对于高校来讲，“智造工匠”人才培养高层次师资队伍要能够体现创新精神，能够创造智能制造专业新知识、发明生产新技术、创建教育新方法等。要善于引导青年教师勇于创新、善于突破，培育大批优秀的，富有拼搏、创新意识的师资队伍人才。其二，要强化适应理念。“智造工匠”人才培养师资队伍建设需要具备很强的适应性，要与国家的产业发展相适应，要与学校的发展定位相一致，要与学科建设、专业建设相一致，要根据学校智能制造专业发展的需要，确定师资队伍的引进对象，形成师资队伍的人才梯队，建设适应社会产业经济发展和学校发展的高层次师资队伍。

（二）协同创新理念下的师资队伍建设

“智造工匠”人才培养师资队伍建设不是单纯依靠院校的培训就能够实现的，而是需要社会、学校、企业等多种资源共同合作，树立协同创新理念，实现优质培训资源共享，促进“智造工匠”人才培养师资队伍建设的专业化、一体化发展。具体措施如下：

1. 建立协同合作的区域联盟，实现教育资源共享

我国目前已经建立起以高校、高等职业学校为主的高等教育格局，承担了“智造工匠”人才培养师资队伍建设的大部分工作。但是，这种停留在学校培训层面的师资队伍建设工作具有很大的局限性，培训效果也十分有限，与政府、企业以及其他社会教育机构的衔接不够。“智造工匠”人才培养师资队伍建设需要建立协同合作的区域联盟，通过协同创新的机制促进政府、相关组织、企业、社会机构等多主体参与师资队伍建设，加强学校之间的合作，形成发展共同体，实现教育资源共享。学校要结合自身的发展特点，以区域为单位，与区域内的政府、教育机构、企业等开展合作，形成区域联盟，构建师资队伍建设的实验和研究基地，并以区域联盟为中心向周边辐射，扩大影响力，形成强大的教育合作发展共同体，共同参与和促进“智造工匠”人才培养师资队伍建设工作。

2. 建立相关学术共同体，创新师资队伍培养模式

学校在协同创新的理念下，要进行资源整合，建立相关学术共同体，从而创新“智造工匠”师资队伍培养模式。首先，要对优质教育资源进行整合。学校要结合本校师资的专业特点和发展优势，整合区域内的优质教育资源，建立一支具有特色的“智造工匠”人才培养师资队伍，打破学科间的壁垒，形成专业突出、综合性强、内容丰富的知识体系，实现教育资源的流动和共享，促进师资队伍培养模式的创新。其次，要建立专业人才智囊库。在协同创新理念下开展的“智造工匠”人才培养师资队伍建设，其形成的联盟主体具有多元性、复杂性的特点，需要建立专业的人才智囊库，才能够保障联盟主体机构的运行和辐射效能。因此，高校要以区域联盟为中心，通过智能制造相关专业教师的引进、教学实践培训工作的开展、专家专题讲座的举办等形式，组建学术交流中心，建立专业人才智囊库，为“智造工匠”人才培养师资队伍建设工作提供有力支撑。最后，要开展深度合作、交流与推广。学校要加强与各联盟主体之间的沟通与联系，建立起协同发展、深度合作的关系，采取“请进来，走出去”的方式，充分发挥区域教师培训基地的优势，广泛开展专业化培训，相互交流师资培养的有效方式与理念，进一步推广协同创新师资队伍建设模式的发展，不断提升“智造工匠”人才培养师资队伍的专业化水平。

第二节 “智造工匠”人才培养师资队伍建设培训机制的完善

“智造工匠”人才培养师资队伍建设要对教师培训机制进行完善，在继续教育的基础上，完善师资队伍建设培训机制。要进一步提高认识，鼓励智能制造相关专业教师积极参加教师继续教育和相关培训，做到理论与实践紧密结合，从而提升教师的专业技能和专业素养，促进其职业

能力和职业素养的全面提升。

一、提高认识，树立教师继续教育观念

继续教育是一种按接受教育的过程或阶段来划分的教育类型，具有在原有教育基础上“追加”或“延伸”教育的含义，即脱离了正规学校教育系统后的所有社会成员都可以继续接受的一种没有年龄限制、形式和内容灵活多样的教育形态[1]。教师继续教育是指具有教师资格的在职教师进行知识更新、深化水平、加强能力、提高素质，进行补缺和提高的教育。知识经济时代，劳动创新依靠的是智力和知识，而不是体力，加强“智造工匠”师资队伍继续教育工作，能够使他们吸收新知识、新思想、新观念，提高他们的综合素质和职业能力水平。在“智造工匠”人才培养师资队伍建设过程中，要全面提高对教师继续教育的认识，通过继续教育来提高师资队伍的整体素质和水平（图 6-3）。

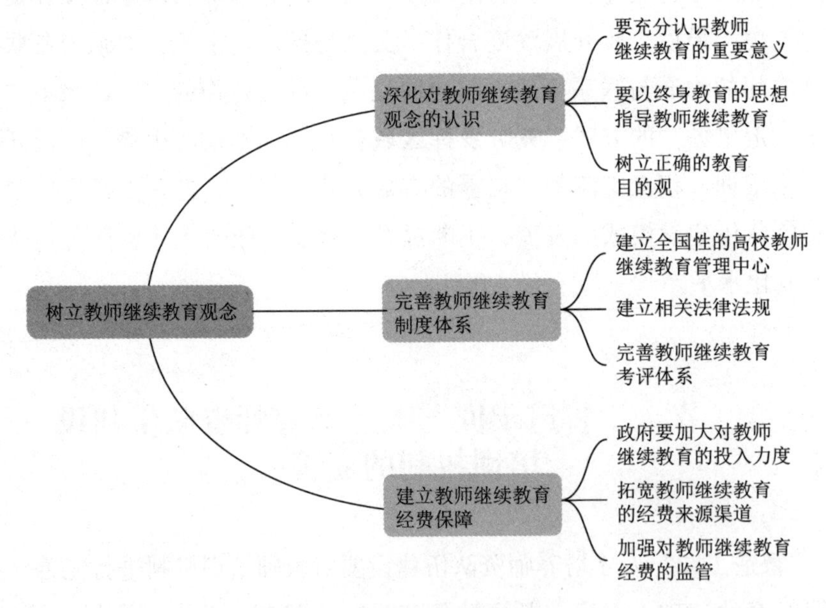

图 6-3　树立教师继续教育观念

[1] 吴遵民．终身教育研究手册 [M]. 上海：上海教育出版社，2019：53.

（一）深化对教师继续教育观念的认识

“智造工匠”人才培养师资队伍建设要与时俱进，在思想观念方面紧跟时代步伐，加深对教师继续教育的理解和认识。

1. 要充分认识教师继续教育的重要意义

智能制造背景下，新知识、新技术层出不穷，智能制造专业相关的知识更迭速度明显加快，科学理论和发明物化及其应用周期越来越短。因此，“智造工匠”人才培养师资队伍并不是接受一次教育就能一劳永逸，而是要通过不断学习，来进行知识结构的补充和更新，以便适应不断发展的行业技术和科学技术需要。

2. 要以终身教育的思想指导教师继续教育

“智造工匠”人才培养师资队伍建设要树立终身教育的理念，指导教师继续教育工作。教师继续教育不仅是针对业务能力的一两次培训，而是长期的、多层次、全方位的知识体系的提升和专业能力的发展。广大教师要树立终身教育理念，自觉参与继续教育，促进综合素质和水平的全面提高，担负起“智造工匠”人才培养的重任。

3. 树立正确的教育目的观

继续教育的首要目的是增加受教育者的知识储备，强化受教育者的操作技能，以更好地做好本职工作。对于“智造工匠”人才培养师资队伍而言，教师接受继续教育的目的无疑是培养出综合素质较高的“智造工匠”人才，因此教师应树立正确的教育目的观，将每一次培训看作自我提升的机会，为自身素质提升奠定良好的基础。

（二）完善教师继续教育制度体系

“智造工匠”人才培养师资队伍建设中要加强教师继续教育制度建设，促进其制度体系的完善，保障教师继续教育的规范运行，具体措施如下：

1. 建立全国性的高校教师继续教育管理中心

“智造工匠”人才培养师资队伍建设教师继续教育是一项长期的系统化工程，需要不断探索，尝试建立高校教师继续教育管理中心，来保障人才培养教师继续工作的有序开展和持续发展，并对教师继续教育的相关标准做出规定，以便按照标准制订相应的教学目标、教学规划和人才培养计划等。

2. 建立相关法律法规

政府部门要加大对教师继续教育的关注，将教师继续教育纳入行政管理规划，建立相关的法律法规来推动教师继续教育的法治化建设，逐步建立起一套适合中国实际情况的，能够更好约束继续教育主体和客体行为的继续教育法律法规体系。

3. 完善教师继续教育考评体系

科学考评不但能有效检验学习效果，更能够有效激发考评对象的积极性，起到很好的激励作用。在对教师参与继续教育的实效进行考核时，要将接受继续教育期间的表现及实际能力的增长量作为考评的重要指标。同时，还要注意对培训后的效果进行追踪，将培训实效、态度作为职称评定、职务晋升的关键条件。

（三）建立教师继续教育经费保障

“智造工匠”人才培养师资队伍建设中，教师继续教育的顺利开展，必须有充足的经费作为保障。教师继续教育的开展除依靠国家的财政投入外，还要通过多方筹措，最大限度地为教师继续教育提供必要的资金支撑和保障。此外，还要加强对教师继续教育经费保障的监管，实现资金效用的最大化。具体如下：

1. 政府要加大对教师继续教育的投入力度

教师继续教育的直接受益者是教师个体，但是从人才培养的长远角度看，教师素质的提升能够进一步提高人才培养的质量，从而促进教学质量的提升，促进社会的进步和相关产业的发展。因此，政府要加大对教师继续教育的投入力度，从经费方面给予一定保障。

2. 拓宽教师继续教育的经费来源渠道

我国可以借鉴其他国家在教师继续教育方面的先进经验，结合我国的实际情况，研究制定出教师继续教育相关的成本分担标准，建立多方合作的经费筹措机制。

3. 加强对教师继续教育经费的监管

要依托高校教师继续教育管理中心，完善相关法律法规，加强对教师继续教育经费的监督管理，使经费在阳光下运行，确保专款专用。此外，还要接受社会的监督，对教师继续教育的相关经费支出及时公布，保证经费使用的合理化、透明化。

二、转变观念，优化教师培训模式

“智造工匠”人才培养师资队伍培训要树立教师参加培训学习的自觉风气。

从我国的发展情况来看，教师培训主要由政府和学校来组织进行，培训经费也主要由学校和政府承担，教师主体参加培训的主动性和积极性不够，自觉培训的风气还没有形成。因此，要优化教学教师培训模式，把由政府和学校组织培训变为教师自觉参加培训，政府和学校只负责制定相关政策、提出培训指标、提供培训场所，由教师自主参加培训。此外，要改革培训经费办法。

把由政府和学校承担培训费用变为政府、学校和教师分担或由教师承担。各级教师的素质水平应符合岗位的全面要求才能应聘。因此，教师参与培训是教师的权利和义务，也是教师受聘任教的必要途径，教师有责任承担培训费用。“智造工匠”人才培养中，教师培训模式的优化可以从以下两个方面着手（图 6–4）。

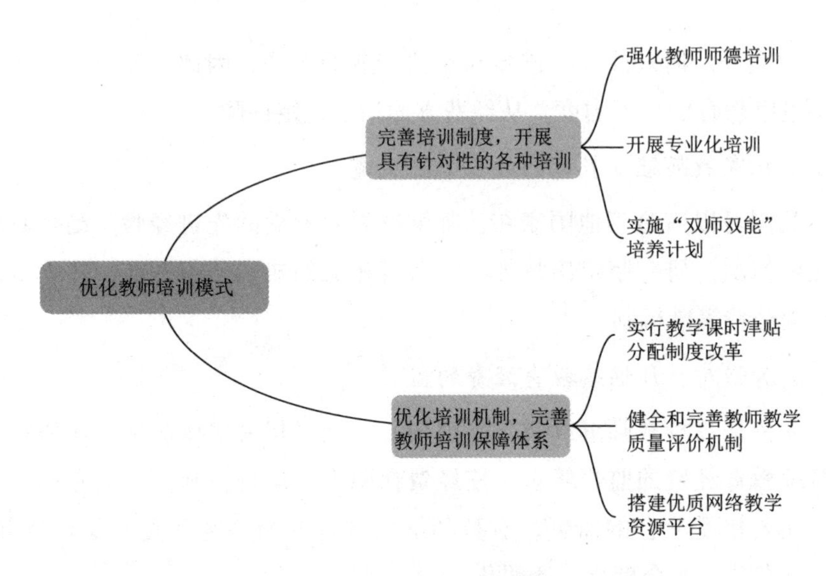

图 6-4　优化教师培训模式

（一）完善培训制度，开展具有针对性的各种培训

“智造工匠”人才培养师资队伍培训中要完善培训制度，开展具有针对性的各种培训，具体如下：

1. 强化教师师德培训

“智造工匠”人才培养师资队伍培训中要以“师德师风”为引领，培养教师热爱教育事业的敬业精神、为人师表的道德规范等。师德师风建设应该贯穿教学环节的方方面面，通过逐步探索，建立起自律与他律并重的师德培训长效机制。师德培训一般包括三个层面的内容。首先，要进一步提高教师的政治觉悟理论修养和思想情操，使教师自觉地以正确的世界观、人生观、价值观影响和熏陶学生。其次，要大力弘扬教师职业道德风范，使教师成为遵纪守法、勤奋敬业、为人师表的典范。最后，要引导教师以高度的责任感和使命感关心学生的健康成长。在师德培训过程中，要善于引导广大教师明确“立德树人、教书育人”的职责目标，形成重视师德的良好氛围，改变以往脱离实际、流于空泛的道德说教，通过社会实践、主题讨论、专项培训、老教师传帮带、评选标兵等多种形式，全方位开展师德培训工作。

2. 开展专业化培训

教师的专业化教育是教学质量和人才培养目标完成的基础和重要保证，“智造工匠”人才培养师资培训中要强调教师的专业化教育，强调教师教育科学知识的学习、教学技能的掌握和教学实践的积累，不断提高教师的专业化水平和综合素质，在培养人才的同时能够实现自身的专业化发展。学校要定期邀请校外知名专家到校针对智能制造专业的学科特点开展专题报告或学术讲座，聘请校内国家级教学名师、本科教学工程项目负责人做有关教学能力提升和教师教学艺术等方面的讲座。此外，学校每学期制订教师教学培训规划，重点资助青年教师参加各类教师培训，如骨干教师培训、教师国内进修、教师国内访学、教师参加学术会议等；在此基础上，还组织教师参加全国教师网络培训中心的培训课程，设立网络培训分会场，开设网络专题培训和课程专项培训。

3. 实施“双师双能”培养计划

智能制造大类专业教师必须有企业工作经历和工程实践能力，懂制图、懂工艺、懂材料、懂设计，懂软件和懂技能。因而，学校需要完善教师企业实践机制，加强教师教学实践能力培养，引导和支持教师立足于行业企业，开展科学研究，服务企业技术升级和产品研发，系统提升智能制造大类专业教师的工程实践能力。此外，要实施新教师后备人才培养计划。根据新进教师、骨干教师、专业带头人、教学名师的生涯发展路径，帮助青年教师科学规划个人的专业发展方向。

（二）优化培训机制，完善教师培训保障体系

“智造工匠”人才培养师资培训过程中，要对师资队伍建设的相关机制进行优化，完善教师培训保障体系，具体如下：

1. 实行教学课时津贴分配制度改革

在全校范围内实行教学课时津贴分配制度改革、学校宏观管理与调控、二级学院实施分配细则。鼓励教师开设学术前沿和反映社会新动态的新课，对开设新课的教师给予一定奖励；鼓励教师开设双语课程，拓宽学生知识视野，注入国际化新内容，增加课时津贴系数标准。

2. 健全和完善教师教学质量评价机制

学校教育教学质量评估办公室应建有规范、科学、合理的教师教学能力评价标准，成立校院两级管理的教学督导体系，实行学校督学宏观监督、学院督导微观督查的教学评价机构，为教师教学质量评价和教学培训质量提供保障。

3. 搭建优质网络教学资源平台

学校要依托网络中心、新闻中心等多家单位，搭建优质教学资源共享平台，为教师网络在线培训、集中培训等提供交流和互动的平台。

三、制定政策，建立有效的教师培训制度

“智造工匠”人才培养师资队伍建设中必须制定相应政策，建立有效的教师培训机制。在政策导向方面，要大力提倡继续教育，树立继续教育观念；制定相应政策，明确各级教师培训的指标要求，并与教师的职业招聘和职务聘任紧密挂钩，激励教师主动参加继续教育。在具体实施方面，继续教育要与教师队伍的结构优化、学科建设、专业调整、学术骨干和学科带头人的选拔培养相结合；要围绕各级教师岗位的全面要求设置教师的各项培训内容，采取多种培训形式，由教师根据规定的指标要求和自身条件自主参加培训，实行先培训达标、后聘任上岗的原则。在考核制度方面，要制定有利于各级教师自觉参加继续教育的政策法规，把教师参加培训的内容、成绩、次数、实效作为各级教师的聘用、晋升、奖励的前提和依据，促进教师“活到老，学到老”，切实建立有效的教师培训机制。

第三节 “智造工匠”人才培养师资队伍建设人文环境的优化

人文环境中包含特定社会共同体的态度、观念、认知和信仰系统等内容，这些内容在特定的精神环境中通过文化观念和潜在的精神力量产生价值导向，完成对社会成员的影响和教育过程。“智造工匠”人才培养师资队伍建设中涉及的人文环境通常可以分为三个层面的内容：第一层面是物质文化环境，如校园建筑、景观、绿地、场馆；第二层面是精神文化环境，如校园文化、大学精神、校园氛围等；第三层面是管理文化环境，如制度环境、管理模式等。三个层面的内容相互作用、相互渗透。“智造工匠”人才培养师资队伍建设需要良好的人文环境，为教师安居乐业和骨干教师队伍的稳定创造条件，激发教师的内在驱动力和进取精神。

一、良好的人文环境对师资队伍建设的重要意义

良好的人文环境在“智造工匠”人才培养师资队伍建设中具有重要的意义（图 6–5）。

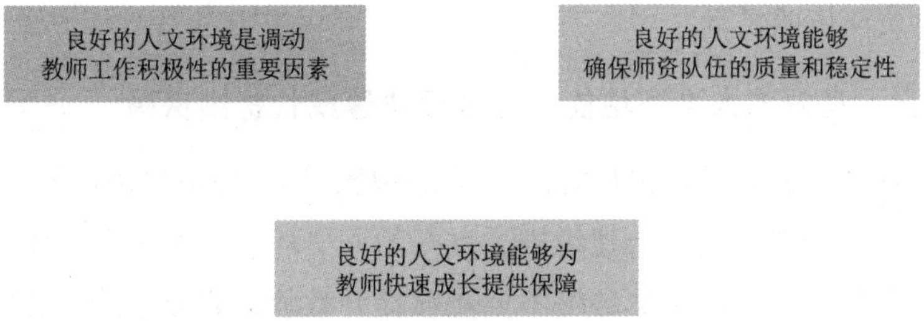

良好的人文环境是调动教师工作积极性的重要因素

良好的人文环境能够确保师资队伍的质量和稳定性

良好的人文环境能够为教师快速成长提供保障

图 6–5 良好的人文环境对师资队伍建设的重要意义

（一）良好的人文环境是调动教师工作积极性的重要因素

良好的人文环境能够激发教师工作的积极性，提高教师的工作效率，

从而为教学科研水平和人才培养质量的提高打下良好的基础。“智造工匠”人才培养中的师资队伍是由教师个体组成的一个整体，教师个体只有在良好的环境中才能够安心工作，潜心投入教育事业和人才培养工作，发挥师资队伍的整体力量。从一定意义上来说，人文环境是“智造工匠”人才培养师资队伍建设的催化剂，只有对人文环境不断进行优化，构建健康有序、积极向上的人文环境，才能够形成师资队伍的凝聚力和向心力，激发教师的内在动力，推动“智造工匠”人才培养工作的整体持续发展。

（二）良好的人文环境能够确保师资队伍的质量和稳定性

按照马斯洛的需求层次理论，人的需求可按照从低级到高级的次序进行排列，分别为生理需求、安全需求、社交需求、尊重需求、自我实现需求五种。生理需求、安全需求、社交需求属于基本需求，尊重需求和自我实现需求属于更高一层的需求，人只有在基本需求得到满足的之后，才能进一步去追求发展性的需求。“智造工匠”人才培养师资队伍建设中人文环境的优化，能够促进教师尊重需求和自我实现需求的满足，从而提高师资队伍的稳定性，将师资队伍的人才流失降到最低。只有良好的人文环境才能够留住和吸引到优秀的人才，确保“智造工匠”人才培养师资队伍的质量。

（三）良好的人文环境能够为教师快速成长提供保障

人和环境的关系是相互的，人创造环境，同样环境也创造人。“智造工匠”人才培养师资队伍建设中，良好的人文环境是教师专业成长必不可少的条件，良好的人文环境不但能够提升教师的职业素养，还能为教师自身的发展提供空间。在优良的人文环境中，教师职务晋升渠道通畅、奖励政策完备、保障制度健全，这样的环境能够为教师发展提供足够的空间，教师在这种环境中能够不断提高、进步。环境可以影响人，也能够塑造人，良好的人文环境是师资队伍人才辈出必不可少的条件。

总之，人文环境为师资队伍建设提供环境支持。任何一个人的发展都离不开周边环境，“智造工匠”人才培养师资队伍建设也离不开环境的建设。环境的好坏直接影响着师资队伍建设水平的高低，优良的环境是师资队伍得以建设好的基石。从发展观念讲，师资队伍的发展离不开人文环境的支持，高水平的师资队伍又能构建良好的人文环境，二者相辅相成、不可分割。

二、促进人文环境建设与师资队伍建设协调发展

人文环境建设的一个重要目的就是为师资队伍建设服务，师资队伍建设离不开人文环境建设。人文环境与师资队伍的关系类似人与环境的关系，师资队伍创造人文环境，人文环境也创造师资队伍。人文环境建设与师资队伍建设相互促进、彼此推动、协调发展。良好的环境是建设高水平师资队伍必不可少的条件，高素质的师资队伍又能够营造良好的人文环境。为了促进“智造工匠”人才培养目标的实现和学校的发展，必须把优化人文环境和提高师资队伍建设水平放在同等重要的位置上，推动人文环境建设和师资队伍建设齐头并进、协调发展。

三、师资队伍建设中人文环境优化的具体措施

“智造工匠”人才培养师资队伍建设中，人文环境优化的具体措施主要包括物质文化环境建设、精神文化环境建设、管理文化环境建设三个方面（图 6–6）。

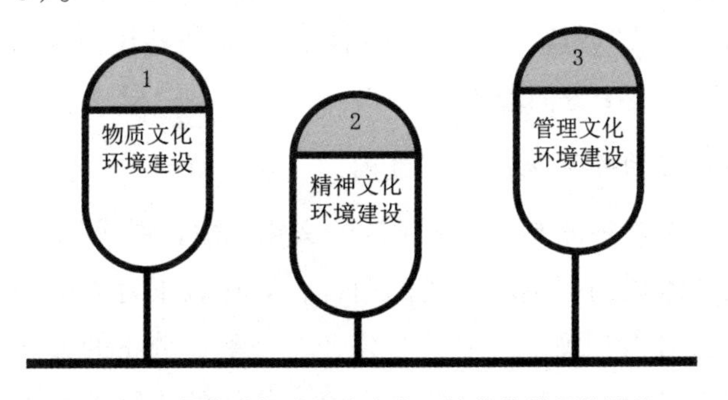

图 6–6 师资队伍建设中人文环境优化的具体措施

（一）物质文化环境建设

物质文化环境是“智造工匠”人才培养师资队伍人文环境建设中的基础，物质文化环境的建设包括人文景观、自然景观、设施设备、科研教学硬件环境等。良好的物质文化环境能够给人带来美的享受和心灵上的愉悦。人文景观和自然景观与学校的自身发展历史、人文资源具有密切联系，表达的是不同的学校理念以及独特的场所精神，是对校园文化精神的一种有力诠释，是一种特殊的文化景观。设施设备、科研教学硬件环境等物质条件是教师开展高质量教学科研工作的基础，优雅、明亮、温馨、舒适的工作环境和工作条件，有利于教师全身心地投入教学科研工作中。良好的校园物化环境是人创造的，而校园物化环境也反作用于人。因此，物质文化环境对“智造工匠”人才培养师资队伍的稳定和素质提升都发挥着至关重要的作用。

（二）精神文化环境建设

精神文化环境是学校在长期发展过程中形成的文化积淀，这种文化积淀最终发展成为学校广大师生内在的精神力量的源泉。精神文化是学校整体精神风貌的集中体现，是校园文化最高层次的代表。“智造工匠”人才培养中，良好的精神文化环境能够为师资队伍提供精神支持，也能够确立师资队伍的价值取向和精神追求，进而塑造教师的人格和精神品质。精神文化环境能够不断为师资队伍输送精神食粮，提升和保持师资队伍建设的品质。“智造工匠”人才培养师资队伍建设中的精神文化环境建设需要从以下五个方面着手。

1. 营造良好的师资队伍文化氛围

首先，要采取多种方式深化学校的文化底蕴，形成学术自由的风气、海纳百川的学术风尚、追求卓越的精神，守住教书育人的职业操守。努力营造宽松、自由、民主、平等、公开、公平、公正的人文环境，使教职工在和谐、轻松、自如的气氛和融洽、信任的人际关系中相互协作和支持，提高工作效率。只有精神文化深入内心，形成精神动力，才能够改变和提升教师的精神面貌。其次，要努力营造良好的工作氛围。良好的工作氛围有利于教师工作的开展，能够激励教师的工作热情，激发他们的工作潜力。“智造工匠”人才培养中要采取相关措施，培养尊重教师、尊重教学的氛围，形成尊师重教的良好风尚，使教师在此环境中得到认可，还要为教师成长、成才和发展提供适宜的文化环境，通过这些人文氛围的熏陶，使教师更加积极地投入工作中。

2. 良好的学风、校风建设

良好的学风、校风建设能够为师资队伍建设注入新的文化元素，从文化认同上凝聚师资队伍。学风、校风建设包括学校的发展定位、价值观念、校史校训、行为文化等，同时包含中华优秀传统文化教育。良好的学风、校风需要学校全体师生的共同努力，教师在实际工作中要做好表率作用，以严格的教师职业标准来要求自己，端正教风建设，努力做到爱生如子、品德高尚、从严治学；学生要努力奋进，构建师生之间的和谐关系，共同奋进，为学校的可持续发展和教育教学管理质量的提升通力合作，共建优良学风、校风。良好的学风、校风建设能够形成一股无形的凝聚力和约束力，对广大教师的思想和行为起到一定的约束作用，激发他们工作、学习的热情，形成共建校园精神文化的凝聚力，从而促进师资队伍建设质量的提升。

3. 加强德育环境建设

思想政治素养和职业道德素养是体现高校教师整体素养的重要方面，高校教师是否有良好的思想政治素养和职业道德素养将直接决定其是否能够把学生培养成为社会主义合格的接班人。高校应该加强德育生态环境建设，形成处处谈师德的德育氛围及明德崇德的校园环境；要深入、广泛、细致地开展教师队伍的思想政治教育和师德教育；加强德育环境建设，对增强教师的责任心、提升教师爱岗敬业精神、引导师资队伍向着积极健康的方向发展具有至关重要的作用。

4. 加强教师队伍人际环境建设

每位高校教师在教师队伍中都不是孤立存在的，避免不了相互交流、互相影响，自然而然就形成了教师与教师之间的关系。同时，高校师资队伍中还存在不同人员之间的关系，如教学人员和教学人员之间的关系、教学人员和管理人员之间的关系、教学人员与其他职工之间的关系等。人际交往看起来是小事，但它体现了人的思想道德素质，是人的精神面貌的体现。和谐、协调的人际关系，是打造一支具有较高专业水平和强大凝聚力的教师队伍的基础。一所学校只有建立起和谐、协调的人际关系，才能营造充分尊重个性发展、团结向上的人文环境，以实现教职员工个体和学校集体的共同发展。人际氛围不好会直接导致教师的工作效率低下和人才流失，使教师队伍不稳定。因此，高校要高度重视创造和谐的人际关系环境。教师也要树立共同发展理念，营造互相帮助、互相协调、和谐团结的人际关系。和谐的人际关系能够增加凝聚力，有利于实现师资队伍团队建设。只有创建和谐的人际关系，不断消除人际关系中的不良因素，才能让教师全身心地投入教学和科研工作中。

5. 加强师资队伍教学科研软环境建设

教学科研工作是高校的核心工作，教学科研软环境建设也是人文环境建设不可或缺的部分。创造良好的教学科研环境是学校人文环境建设的重要内容，注重开展科研活动，在高校形成浓厚的学术氛围，从而提高教师的科研积极性；大力开展教学环境建设，广泛开展教学活动，在师资队伍中培养爱教学、教好学的教学氛围，不断提高教师对教学工作的重视程度。在高校师资队伍中形成教学科研并重的价值导向，才能使教师潜心于教学科研工作，使教师在良好的教学科研环境中成长为优秀人才，提升师资队伍质量。

（三）管理文化环境建设

“智造工匠”人才培养师资队伍建设离不开良好的管理文化环境。高校管理文化环境是一所学校管理特征和管理模式之间的综合反映，也是一所学校治学思想和治校方针的综合体现，管理文化环境的发展水平对师资队伍建设和学校发展具有重要的影响作用。良好的管理文化环境有利于教师教学科研活动的开展，有利于人的全面发展。学校的管理活动必须贯彻以人为本的管理理念，营造人性化的管理环境，为教师的发展提供良好的服务和后勤保障，最大限度地调动教师的积极性。此外，制度环境作为管理文化环境的一部分，首先要建立完善的教师激励机制，激励机制是推动教师成长的内在动力，能够促进教师个性发展、个人实践知识的构建和专业化发展，要积极完善激励制度，引导教师做好职业生涯规划工作，促进教师的健康成长。其次，要健全教师聘任制度，结合实际需要增加专任教师的数量，规范相关教师引进和培养制度，强化对专业教师的引进和培养工作，通过对高素质水平教师的引进来改善教师团队结构。最后，要完善教师培训制度。鼓励专业教师深入企业一线进行挂职锻炼学习，做到理论与实践紧密结合，从而提升教师的专业技能和专业素养，促进其职业能力和职业素养的全面提升。只有做好管理文化环境建设，才能使优秀的人才脱颖而出。

第四节 “智造工匠”人才培养师资队伍建设的具体策略

“智造工匠”人才培养师资队伍建设是人才培养质量提升的关键因素，是教师人力资源结构优化的重要条件。“智造工匠”人才培养师资队伍建设需要做好以下四个方面的工作。

一、强化“双师型”师资队伍建设

智能制造的专业特点决定了其在师资队伍建设方面具有一定的特殊性，要求教师具备一定的教学技能的同时，还要具备一定的生产实践经验。因此，“智造工匠”人才培养师资队伍建设要强化“双师型”师资队伍建设。具体措施如下（图 6–7）。

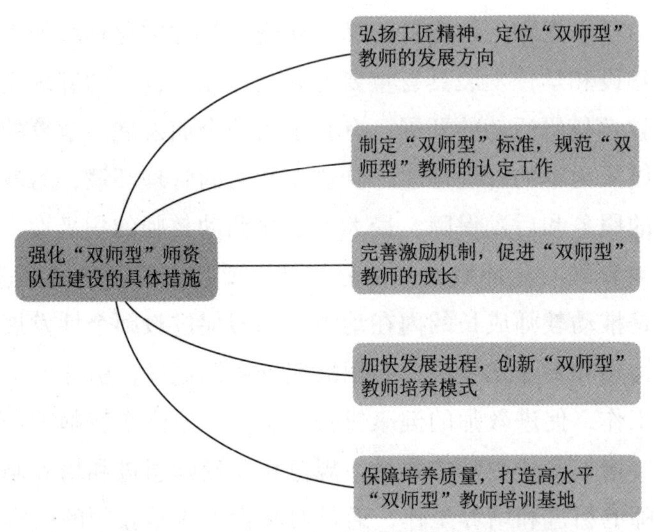

图 6-7　强化“双师型”师资队伍建设的具体措施

（一）弘扬工匠精神，定位“双师型”教师的发展方向

在教师队伍中大力弘扬工匠精神，既是培养高素质技术技能人才的需要，也是找准教师自身发展定位的需要[1]。“智造工匠”人才培养中“双师型”师资队伍建设要积极弘扬工匠精神，认识智能制造相关专业教师的基本特征，领悟工匠精神的内涵并积极践行，以锲而不舍、精益求精的精神投入教学和科研工作中。结合产业发展的需要和学校发展战略，找准自身定位和发展方向，坚定信念，制订好个人职业发展规划。此外，要积极地走出校门，了解和收集智能制造专业前沿的新情况、新技术和新动态，多向一线技术技能专家请教和学习，提高自身业务水平和技术技能能力。

（二）制定“双师型”标准，规范“双师型”教师的认定工作

学校要组织相关专业人员、教育专家和行业企业专家等成立课题研究组，强化工匠精神的培育和“双师型”核心内涵的研究工作，制定出“双师型”标准，引导“智造工匠”人才培养中教师的明确发展方向，切

[1] 赵祉文．以“工匠”精神推动青年教师成长 [J]. 人民教育 ,2016(15)：65−67.

实促进教学水平和实践能力的提升。要制定出“双师型”教师认定的细则，使“双师型”教师认定工作进一步规范化。认定细则主要从认定条件、程序、时间、方法等方面着手，建立“双师型”教师认定的常态工作机制和动态机制，提高“双师型”教师的含金量。

（三）完善激励机制，促进“双师型”教师的成长

完善的激励机制能够推动“双师型”教师成长的内在动力，能够促进教师个性发展、个人实践知识的构建和专业化发展，要积极完善“双师型”激励制度，引导教师做好职业生涯规划工作，促进“双师型”教师的健康成长。一方面，学校要针对不同成长阶段、不同成功类型的“双师型”教师制定不同的激励机制，采用外在监督的形式促进“双师型”教师的成长发展。另一方面，学校需要采用以经济待遇、心理情感等内化能动机制的激励措施，提高教师参与“双师型”培养的自觉性和积极性，落实好实践制度，鼓励教师走进企业参加实践培训，为教师的成长和长期发展提供保障。

（四）加快发展进程，创新“双师型”教师培养模式

“智造工匠”人才培养中要结合本校实际情况以及不同阶段教师的发展水平，制定好“双师型”教师的培养目标，在目标的指引下，进一步探索“双师型”教师培养的有效途径，加快“双师型”教师培养的进程。要勇于创新“双师型”教师培养的模式，除传统培养模式外，还可以通过自学自练、竞赛指导等途径进一步提高“双师型”教师的实践能力和操作分析能力。此外，应注重教师的职业道德修养培育，使“双师型”教师既能做到遵守教师职业道德规范，又能自觉遵守相关行业的道德规范，充分发挥在教学中对学生的言传身教作用。

（五）保障培养质量，打造高水平“双师型”教师培训基地

“双师型”教师培训基地能够促进教师职业专门化的培养，提高“双师型”教师培养的质量，实现促进教师个人发展、构建终身学习机制、

建设学习型社会的需要。高水平“双师型”培训基地的打造需要结合相关专业情况对现有各类教师培训基地进行调整，定期轮转。对部分培训资源缺乏的地区，经地方申报，建立邻近区域协作、送教上门等培训机制。加强培训资源建设的动态更新、调剂共享，满足教师需求。此外，要鼓励企业将培养“双师型”教师作为承担社会责任的重要内容，组织教师到相关企业了解新材料、新标准、新工艺和新技术，发动教师积极参与企业技术革新和产品研发，为企业转型升级提供智力支撑。

二、提升行业背景教师的比例

智能制造相关专业是一门年轻的专业，涉及大量的交叉学科知识，智能制造相关专业教师知识与能力结构具有较强的专业和技能指向性。智能制造相关专业要想培养出高素质的“智造工匠”人才，就需要提升智能制造相关行业背景出身教师的比例，以保证学生能够通过理论知识学习与实践技能训练，形成科学、完善、专业性强的知识与技能体系，这也是智能制造行业发展的需求。随着近年来智能制造业的迅速发展，越来越多的高校设立了智能制造相关的专业，智能制造行业背景的人才越来越多，这些人才之中，有相当一部分进入行业企业，从事智能制造工作，还有一部分则进入高校，补充智能制造人才培养的师资队伍。高校若想切实优化“智造工匠”人才培养的师资队伍，提升行业背景的教师比例，就必须提升自身对于人才的吸引力，提升教师的待遇，优化教学环境，完善对于“智造工匠”人才培养师资队伍的保障。政府也应该出台一系列激励措施，使智能制造业相关人才在走出校门后，除进入企业之外还能够有更多的选择，愿意走入学校，且能够在教学工作中充分发挥自己的才能。

三、提升教师专业素质

教师作为课程教学的主导者，在“智造工匠”人才培养的过程中发挥着不可替代的作用，要想提高“智造工匠”人才培养的水平，就必须重视教师的专业素质的提升。提升教师专业素质主要包含以下三方面的内容（图 6–8）。

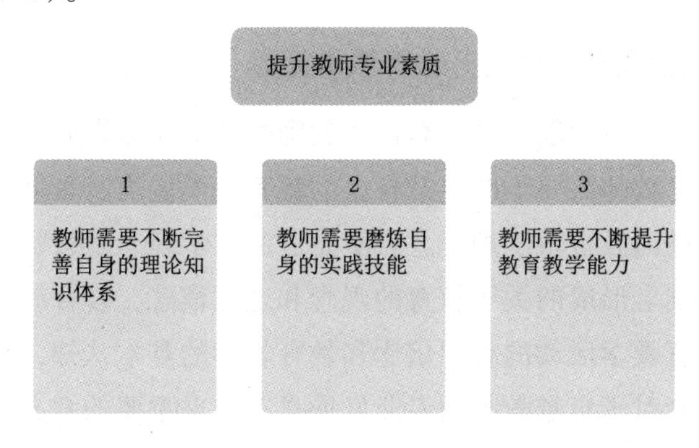

图 6–8 提升教师专业素质的内容

（一）教师需要不断完善自身的理论知识体系

理论知识体系对于教师来说十分重要，身为一名教师，必须具备相对完善的知识结构，才能更好地履行教学职责。特别是对智能制造相关专业来说，作为一门崭新的学科，其学生在学习过程中，必须夯实理论知识的基础，才能更好地构建知识与技能结构，这就要求教师的理论知识体系必须是丰富且扎实的。且由于智能制造相关专业涉及的交叉学科较多，覆盖的知识与技能领域较广，教师必须对智能制造相关专业知识结构有一个系统且全面的掌握，这样才能确保学生能够在跨境电商的学习中形成结构清晰的知识体系。

（二）教师需要磨炼自身的实践技能

智能制造相关专业是一门实践性较强的专业，提升学生的实操能力是重要的教学目标之一，因此，作为教育者的教师除要具备较高的专业理论素养外，还必须要紧跟行业、企业和市场，拥有较高的实践技能水平，这样才能保证实践教学的有效性。要提升教师的实践能力，高校一方面需要加强实践平台的建设，为教师的专业化发展提供足够的硬件支撑，另一方面需要不断深化产教融合，提升校企合作水平，促进教师实践技能的提高。

（三）教师需要不断提升教育教学能力

优秀的教育教学能力是一名优秀教师的关键能力素质。“智造工匠”人才培养中，教师需要不断提升自己的教育教学能力，具体包括：一是拥有科学先进的教育教学理念。科学先进的教学理念是教师在长期教育教学实践基础上形成的关于教育的观念和理性信念。教育教学理念反映了教师对教育教学活动的思想信念和教育教学的基本认知，科学先进的教育教学理念对于卓越教师的专业发展具有非常重要的意义。二是具备扎实精湛的教育教学技能。教育教学技能是教师在教学中掌握并能够灵活运用的教学技巧，精湛的教育教学技能需要教师在对教学理论和实践不断学习探索的基础上，总结形成自己独特、新颖的教学风格和方法。只有具备扎实精湛的教育教学技能，教师才能在教学实施过程中不断总结和创新，培养出具有高素质、创新型的“智造工匠”人才。

四、注重知识与能力结构的更新

“智造工匠”人才培养师资队伍建设还需要重视教师知识与能力结构的更新。随着网络技术的快速发展，新知识、新技术、新模式不断呈现，智能制造行业相关知识与技能的更新速度也非常之快，因此对“智造工匠”人才培养提出了要求。人才的培养本身就需要一定的周期，因此，为了确保培养出的人才不滞后于时代的发展，就需要保证培养模式与教学内容的与时俱进，在课程设置上强调前瞻性，在教学内容上体现最新的行业知识与技能。

教师作为教学活动的主导者，在“智造工匠”人才培养中发挥着重要的作用，因此，其知识与能力结构必须符合行业的发展与人才培养的需求。教师要紧跟时代步伐，不断实践、不断充电、不断更新，唯有如此，方能使自身知识结构得到补充、更新。

智能制造技术的发展以及新业态的不断出现，要求教师必须拓宽自己的视野，走进智能制造行业的生产实践，深入了解行业的新理念、新动态，这就需要学校与企业在产教融合人才培养理念的指导下不断深化校企合作水平，校企协同对教师展开培训，使教师能够掌握最新的行业知识与技能，并将其带入课堂，保证教学内容的与时俱进。

第七章　“智造工匠”人才培养体系的构建

第一节　大学生是“智造工匠”人才培养的核心动力

大学生是“智造工匠”人才培养的核心动力，大学生应该发挥主观能动性，践行工匠精神，内外兼修，实现知行合一，既掌握知识本领、身怀一技之长，又能沉淀职业素养，为将来走向智能制造行业打下坚实的基础。

一、教学活动中学生主体作用的发挥

在“智造工匠”人才培养教学中，要充分发挥学生的主体作用，促进其综合素质和实践能力的提升。学生主体作用的发挥主要体现在以下四个方面（图 7–1）。

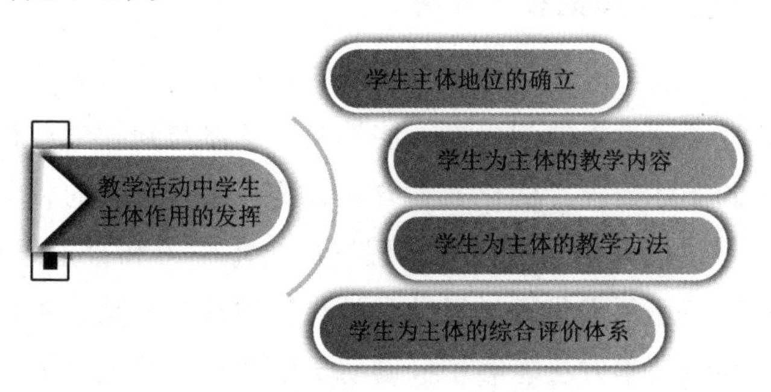

图 7–1　教学活动中学生主体作用的发挥

（一）学生主体地位的确立

首先，在教学活动的开展中，要强调学生对活动的参与性与亲自性，突出学生的主观能动性，激发学生对“智造工匠”人才培养教学的学习兴趣，把个体活动与集体活动相结合，促进教学质量提高的同时强调学生的个体认知和发展。其次，“智造工匠”人才培养教学开展中要给予学生一定的自由空间，学生的责任感往往产生于自主性活动中，学生要在教学中成为真正的主体，就要拥有一定的自主权，自觉承担起相应责任。最后，“智造工匠”人才培养教学过程中，要做到从学生的实际出发，为学生营造良好的学习环境，提倡师生平等和教学民主，充分调动学生参与到教学活动中，才能从根本上确立学生的主体地位，有效提升“智造工匠”人才培养效果和教学质量。

（二）学生为主体的教学内容

“智造工匠”人才培养中，教学内容的编排要结合学生的特点，从学生的实际发展和需要出发，在注重学生基础层次的基本需求的同时，要兼顾学生高层次的成长需求，注重学生实践能力的提高和全面发展；既要注重学生理论知识的掌握，又要强调学生实践创新能力的培养；在注重学生整体化发展的同时，还要兼顾学生个体间存在的差异性，针对个体差异对教学内容作出相应的调整，在确立学生主体地位、确保学生个性化发展的前提下，合理有序地安排教学内容，组织教学计划的开展。

（三）学生为主体的教学方法

在“智造工匠”人才培养教学活动的开展中，教师应该运用多种教学方法有效地调动学生的积极性，使学生广泛参与到教学过程中。教师要针对学生的实际需求，优化教学方式方法，制订合理的教学方法，激发学生的学习热情和动力，引导他们提高自主学习和自主思考的能力。教学方法的制订还要强化教学活动中教与学的双向互动，实现两者的有机统一，良好的教学方法能够积极调动学生和教师两大主体共同参与进来，实现良好的教学互动，使课堂气氛更加活跃，最终促成教学和人才培养的良好效果。

（四）学生为主体的综合评价体系

“智造工匠”人才培养教学中，对学生的评价不能一味注重结果性评价，应该强化对学生学习过程的评价。要制订以学生为主体的评价体系，充分考虑学生在能力素质、基础条件等方面存在的差异，尽量通过学生的努力程度、课堂表现、技能测试等多项指标对学生进行综合性评价，通过评价激发学生的学习热情，激励学生往更好的方向发展。

二、工匠精神培育中学生主观能动性的激发

“智造工匠”人才培养是一项长期的系统化工程，需要广大学生身体力行，发挥自身的主观能动性，用工匠精神指导自己的学习与实践，成为德才兼备的“智造工匠”人才。

（一）提高对工匠精神的认知

工匠精神对产品的精益求精，对细节的精雕细琢，对工作的一丝不苟，对品质的不懈追求，其实质内涵对人才的人生价值和职业素养的形成有重要的指导和影响作用。“智造工匠”人才培养教学可以让学生了解工匠精神的具体内涵、传承历史、时代赋予的新价值、新意义，有利于大学生良好品德素养的养成，不仅可以帮助学生加深对工匠精神的科学认知，同时可以引导学生自觉践行工匠精神，通过工匠精神的培育，更加完善地指导大学生将来职业发展中工匠精神的传承与弘扬。

对工匠精神的科学认知还建立在用科学发展的眼光看待工匠精神。工匠精神不仅仅是一种工作技能，更是一种坚持品质、追求创新的精神品格。新时代，工匠精神具有了更广泛和更深刻的内涵，工匠精神不再是只有工匠这一工种才具有的对技艺的追求精神，而是劳动者对自我价值实现的执着追求，代表了对工作认真负责、对产品精益求精、对工艺不断创新、对设计独具匠心、对品质执着坚守的一种职业精神。也可以

说，工匠精神其实也是社会主义核心价值观的一部分，它包含了尊师重教的师道精神、一丝不苟的制造精神、求富立德的创业精神、精益求精的创造精神、知行合一的实践精神、淡泊名利的学者精神等精神特质。当代大学生应该与时俱进，科学认知并践行工匠精神，以此造福社会，成就自己的人生。

（二）主观能动性的激发

大学生主观能动性的激发对“智造工匠”人才培养的质量具有直接影响。大学生要主动开展自我学习与自我教育，把工匠精神融入日常学习生活和社会实践中去，增强对工匠精神的理解与感知。一方面，要培养学习的自觉性和主动性。要学会纠正拖拉懒散的学习态度，规划好短期学习目标和中长期学习目标，并按照计划目标一步一个脚印踏踏实实地坚持下去。对待学习，要秉持勤学好问的习惯，不能不懂装懂，遇到疑惑要多与同学交流学习，多向老师虚心请教。在学习上，不能一味依赖老师、家长的督促和监督，要积极培养对学习的兴趣，不断摸索，形成自己独特的学习方法，养成良好的学习习惯。另一方面，学习要持之以恒、勤奋专注。要把坚持不懈、精益求精的工匠精神理念吸收并加以运用，培养认真专注的态度，对于自己所学的专业或者感兴趣的学科，要专注研究，力求通达。坚持专注的求学态度，认真对待学习中每一个问题、知识点、练习机会，致力把每一件小事做到最完美，不断思考、不断进步，这其实就是对工匠精神在学习过程中的践行，也是领悟勤于钻研、勇于创新的品格。可以从以下几方面激发学生工匠精神培育的主观能动性（图 7-2）。

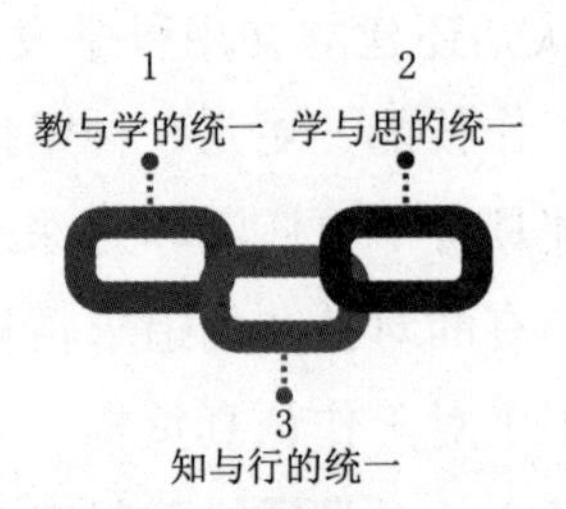

图 7-2　工匠精神培育中学生主观能动性的激发

1. 教与学的统一

蔡元培先生曾经说过：“教育是帮助被教育的人，给他能发展自己的能力，完成他的人格，于人类文化上能尽一分子的责任，不是把被教育的人造成一种特别的器具。”[1] 这句话深刻说明了在教育过程中不能一味教化和灌输，要培养受教育者学习的积极性和主动性，让受教育者主动发展自己的能力，完善自己的人格，成就更好的自己，为国家和社会尽一份责任。作为学生，我们应该明白培养自身学习积极性和主动性的重要性。“智造工匠”人才培养要充分认识到这一点，教师教得科学、宽广、适用，学生更要学得积极、主动、有效，把教与学统一起来，真正做到把工匠精神内化于心、外化于行。

2. 学与思的统一

学习不能一味死记硬背，要学会理解与思考，融会贯通才能学以致用。同样，如果只善于思考而没有学习的行动，就会孤陋寡闻，才疏学浅，更不能做到博观约取，标新立异。因此不仅要善于学习，还要善于思考，不能只学习不思考，也不能只思考不学习。学与思的关系最终是要解决知识积累与认知能力发展的问题。在知识积累方面，大学生通过教师的教和自身的学，在专业知识理论和专业技能方面经过一定时间的沉淀可以获得丰厚的积累，但在认知能力方面要得到很大的提高却十分困难。因为认知能力在很大程度上需要靠学生自身主动去思考和领悟获得，且与知识积累相比显得更加抽象。能让一个工匠走得更远的除技能外更重要的是情怀和创新，技能可能会随着科学技术的发展而被机器所取代，但个人的工匠情怀和创新是无法被机器所复制和取代的。一个在思想上有灵魂的工匠才能够创造出有灵魂的作品，才能不被社会所淘汰。

3. 知与行的统一

知行合一是公认的教育准则。在“智造工匠”人才培养过程中同样适用于这一准则。知，包含的是从知识到认知发生的过程和结果；行，

[1] 高叔平.蔡元培全集：1921—1924 第 4 卷 [M]. 北京：中华书局，1984：177.

是指对工匠精神的自觉践行。知与行是相互依赖、相互促进的两个方面，只有将两方面结合起来才能使自己的认知更加接近真理，进步更快。工匠精神培育既是一个思想认识问题，也是一个实践问题，说到底是一个以知促行、以行促知、知行合一的过程。所以，高校学生无论是在智能制造专业技能的学习中，还是在日常生活中，都要学会用已习得的工匠精神理论指导实践。如在专业技能的学习过程中要体现工匠精神所包含的敬业、精益、专注、创新。对学校举办的各项技能比赛和社会实践活动要积极参加，在展示匠技的同时要守住匠心，遵守匠规。在日常的生活中无论是在校内还是校外都要时刻注意自己的言谈举止，并用工匠精神来规范自己的言谈举止。“智造工匠”人才培养通过对工匠精神理论知识的学习与实际行动之间的密切联系，塑造“知行统一、脚踏实地”的良好形象，只有做到把工匠精神既内化于心又外化于行才是工匠精神培育的初衷。

三、工匠精神践行中学生综合素质能力的提升

“智造工匠”人才培养中要全面发展大学生的学习精神、吃苦精神、担当精神、创新精神，并将理论付诸实践，在社会实践活动中积极践行工匠精神，促进综合素质能力的提升（图 7–3）。

图 7–3　工匠精神践行中学生综合素质能力的提升

（一）加强专业知识学习

“智造工匠”人才培养要重视对专业知识的教学，智能制造业高素质专门型人才必须以掌握大量的专业知识为前提。专业知识是指在一定范围内相对稳定的系统化的知识，是被人类的先哲系统化地总结起来的科学的做事方法，分门别类于各个领域和行业。专业知识是一种潜在的力量，大学生所掌握的专业知识在校期间并不能立即转化为生产力，但是，大学生走入职场以后将其应用于生产实践，将会发挥无限的潜力。大学阶段的学习是高层次的专业性学习，学习内容更加强调精深，在广博的基础上求专长。大学教育具有最明显的专业性特点，每个大学生进入校门之前，都要根据自己的兴趣、爱好、特长选择不同的专业方向。步入大学后，大学教学的内容基本是围绕着某一门专业的学科知识来安排的，学生要在专业定向的基础上学习基础课程和专业课程，把自己培养成符合未来经济社会发展需要的各种应用人才。在“智造工匠”人才培养中，扎实的专业知识是涉猎和拓宽知识面的基础，大学生的专业知识水平决定了他们在行业内的竞争力和社会价值。大学生必须了解和掌握智能制造相关专业的基础知识和形成宽厚而丰富的专业素养，必须具有从事本专业科学研究的较高水平。

大学生通过对智能制造相关专业知识的学习，能够培养自身的专业技能和思维。出色的专业知识将会使大学生受益终身，它带给大学生的不只是一份更好的工作或一份更高的学历，还是人生路上不断进步的基石和平台。大学生只有掌握过硬的智能制造相关专业知识和专业技能，才能在行业领域有所建树，成为社会发展和智能制造业所需要的专门型人才。

（二）提升综合通识能力

大学生在大学里所学的知识可能会随着时代的变化而不适用、被淘汰，但是他们在大学期间锻炼出来的能力却具有长久的生命力，如专业技能、沟通能力、外语能力、写作能力、社交能力、组织能力、解决问题的能力等。这些能力在他们今后的学习、工作、生活等方面都有可能发挥重要的作用，而这些能力的获得在很大程度上需要通过亲身实践来获得，在参与各种活动、社会实践、专业实践的过程中得到提升。现在的时代是一个不断创新的时代，被动地接受知识已经不能适应社会的发展，大学生要做知识的创造者，不仅要具备掌握知识的能力，还要具备运用知识的能力，在学习和职业生涯发展中具有创新精神和创造能力，在提高自身专业技能的同时尽可能不断提升各方面的能力。因此，学生要在勤学的基础上苦练，不断提高自己的综合实力从而铸就工匠真本事。

（三）树立正确的职业观

职业观是指择业者对职业的认识、态度、观点，是择业者选择职业的指导思想，是人生理想在职业问题上的反映，是人生观的重要组成部分，是一种具有明确目的性、自觉性和坚定性的职业选择的态度和行为[1]。在“智造工匠”人才培养中，大学生应树立正确的职业观，改变固有的“铁饭碗”观念，提高对工匠精神的自我培育意识。大学生需要以平等的眼光看世界，世界上任何一种职业都是伟大而又不可缺少的。劳动不分贵贱，只有以平等的眼光看待所有职业和劳动，才可能树立正确的职业观，树立崇高的职业理想。

同时，大学生应摆正心态，坚定志向不动摇，自身的职业发展期望要与社会需要相契合，不能眼高手低、心高气傲、脱离实际，要务实、求实、笃实，加强自我管理、自我监督，提高自我约束力，主观能动地进行学习和体验。

“智造工匠”人才培养中工匠精神的传承，有利于大学生增强自身实力，提高自身的竞争力。正确职业观和职业道德的培育需要强化工匠精神，先德后艺，恪守职业道德的要求。

新时代大学生只有转变传统的职业观念，才能更好地服从社会需要，追求长远利益。最好的职业，就是不仅能实现自己的价值，而且能为社

[1] 姚树欣，任晓剑，董振华．大学生职业生涯规划与就业创业指导 [M]. 济南：山东人民出版社，2014：214.

会发展贡献一份光和热。

（四）参与各类社会实践

“充分发挥主观能动性是践行工匠精神的前提和基础，坚定工匠精神首先要在思想上有意愿、在行动上才能有所作为，从而成为一个合格的应用型人才。”[1] 身体力行、劳动实践是“智造工匠”人才培养中践行工匠精神的基本要求。

大学生通过社会实践活动，在劳动过程中不断探索，意识到自己的不足，提升职业认知和团队协作能力，培养吃苦耐劳和奉献精神，树立正确的职业观和职业道德，切实践行工匠精神。

1. 在实践中提高职业素养

在“智造工匠”人才培养中，大学生通过参加社会实践活动，能够提高对职业的认知，发挥所学的智能制造相关专业理论知识，更好地了解自己的就业兴趣、优势等特点，可以更好地确认适合的职业，为将来的职场选择做足功课，找准未来奋斗的方向。大学生在社会实践过程中，对自身的评价趋于客观，同时对各种职业的发展前途、工作任务和任职条件有一定的认识，获取充足的社会职业信息，提升自我认知能力，有利于在职业选择时避免“眼高手低”，盲目追求高层次、高薪酬，最大程度地实现个人价值。同时，将专业、敬业精神贯穿于社会实践中，提高学生的职业素养，为树立良好的职业精神并转化为合格的从业者做好必要准备。

2. 在实践中增强团结协作能力

大学生在参加社会实践时，都会积极表现、脚踏实地、团结协作，认真完成实践中的各项任务，展示自己的真实能力，提高在团队中的影响力。社会实践可以让大学生在合作协商、交流沟通的过程中提升团队协作能力。尤其是团队的带队者和管理者，他们会以身作则，在团队中

[1] 绳克.高职院校工匠精神的培育路径研究——基于某高校的调查结果[J].西部学刊，2021(2)：99-102.

起到带头作用，用自身的行动和成绩影响团队中的每一个人，而不是凭空使用手中的指挥棒。同时，在社会实践中成员对某件事情看法不同时，能够加强彼此间沟通交流，将不同观点和见解加以分析，形成最优方案去解决问题、迎接挑战。在此过程中，学生无形中学会与人协作，增强自己的语言表达能力和对工作的组织协调能力。团队合作是新时代工匠精神的核心要义，通过社会实践，提升大学生的团队协作能力是培育工匠精神的一个重要环节。

“智造工匠”人才培养通过社会实践活动的开展，大学生能够接受更为直观的教育，更能认识到社会对智能制造行业人才的需求情况以及工匠精神培育的重要性，从而树立正确的职业观和价值观。

第二节　社会为“智造工匠”人才培养创造良好环境

“智造工匠”人才培养是一项教育活动，也是一项培养人的社会活动。我国在由制造大国向制造强国转型升级的过程中，需要大批的高素质、高技能“智造工匠”人才，“智造工匠”人才培养需要在社会的指引下，组织社会各阶层人士发挥人才培养的合力，为“智造工匠”人才培养营造良好的环境。

一、社会环境的特征及积极作用

社会环境具有鲜明的特征，对“智造工匠”人才培养能够产生重要的影响作用，下面进行详细论述。

（一）社会环境的特征

社会环境具有时代性、多元性、双向性等显性特征，能够给人们带来潜移默化的影响（图 7–4）。

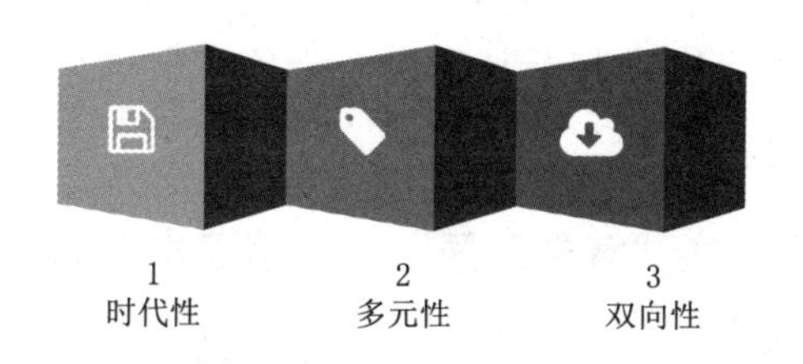

图 7-4 社会环境的特征

1. 时代性

社会环境的变化与时代的发展息息相关，能够反映特定时代的本质特点。随着时代的快速变迁，人们的思想观念也不断发生转变，各类社会思想层出不穷，新思想不断代替旧思想。从世界角度来看，国际形势时时变化，在开放日益扩大的时代背景下，元文化间既有冲突，也有交融；从我国角度看，对外开放的扩大使得西方国家的一些负面价值观涌入国内，加剧了我国社会思想的冲突。

2. 多元性

社会环境的多元性特征主要源于两方面：一是信息传播速度的日益加快；二是信息传播渠道的日益丰富。随着互联网技术的迅猛发展，人们生活、工作、学习的方方面面都深受其影响。互联网也成为人们获取信息的主要途径和来源，是人与人之间沟通的重要窗口。作为社会思想的发酵载体，互联网能够将大量用户聚集在一起，而网民在经历、文化、年龄等方面存在较大差异，观察同一问题的着眼点不同，便不可避免地产生了多元化的社会环境。

3. 双向性

在对人们思想的影响上，社会环境具有双向性。科学的、符合主流价值观的社会思想对于人们的思想具有积极影响，而消极、落后的社会思想则不利于良好价值观的形成。一方面，多元化的社会思想对于开阔人们思考问题的思路很有帮助，新观点更容易在碰撞中产生；另一方面，消极的社会思想会扰乱人们的思维，不利于社会整体的发展。因此，面

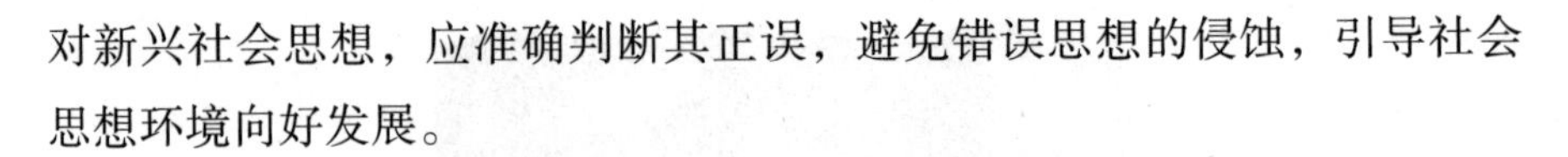

对新兴社会思想，应准确判断其正误，避免错误思想的侵蚀，引导社会思想环境向好发展。

（二）社会环境在“智造工匠”人才培养中发挥的积极作用

社会环境具有一定的导向作用，在“智造工匠”人才培养中，社会环境能够对学生产生潜移默化的影响，发挥积极作用。

（1）社会环境能够激发学生的理性思考。大学生善于接纳新生事物，对社会热点问题的关注度比较高，善于主动思考。社会环境具有丰富的思想内容，不一定完全正确，但是有利于大学生理性思考的深化，加深大学生对社会责任感、民族责任感的认识。目前我国处于制造业转型升级的关键时期，大学生对社会环境的深度认识和理性思考能够对其社会实践产生重要的指导作用。

（2）在社会化环境的多元化发展下，大学生的自我主体意识更容易被唤醒和激发，这种主体意识的强化是个人价值与社会价值统一的过程，在这一过程中社会环境能够发挥一定的正向引领作用。

二、“智造工匠”人才培养中良好社会环境的营造

“智造工匠”人才培养要重视对良好社会环境的营造，以提高人才培养的实际效果。社会文化环境是指在一种社会形态下已形成的信念、价值观念、宗教信仰、道德规范、审美观念以及世代相传的风俗习惯等被社会所公认的各种行为规范[1]。营造良好的社会环境能够促进“智造工匠”人才培养的隐性教育，在社会环境中加大对工匠精神、创新精神等优良职业精神的宣传和正面引导，能够在潜移默化中促进“智造工匠”人才敬业、专注、执着、创新等工匠精神和职业品格的养成。

（一）营造对工匠精神、创新精神尊重肯定的氛围

工匠精神是中华优秀传统文化的一部分，大到“格物致知”的理念思想，小如“家有良田万顷，不如薄技在身”的认知意识，无不与工

❶ 周民良．建设制造强国应重视弘扬工匠精神 [J]. 经济纵横，2017(1)：62-67.

匠精神有着密不可分的联系。工匠精神体现了一种严谨认真、精益求精的工作态度和职业精神，在从古至今的发展历程中受到大多数人的尊重和肯定。但是个别人受“劳心者治人、劳力者治于人”等传统陈旧思想的影响，对工匠和工匠精神的认识存在偏颇和错误。应该确立“劳动光荣”“技能宝贵”的正确理念，充分尊重和肯定工匠精神，营造劳动光荣的社会风尚和精益求精的良好敬业风气。

同样，创新精神社会风气的营造具有积极作用。创新精神是勇于探索、推陈出新的意志品质，是一个民族进步的灵魂，是一个国家和民族发展的不竭动力。当今时代，国际竞争日趋激烈。各国之间的竞争说到底，是教育的竞争，是人才的竞争，更是创新的竞争。当今世界，新科技革命迅猛发展，不断引发新的创新浪潮，科技成果转化和产业更新换代的周期越来越短，科技作为第一生产力的地位和作用越来越突出，世界各国尤其是发达国家纷纷把推动科技进步和创新作为国家战略。在经济全球化进程中，企业面临着越来越激烈的国际竞争压力，坚持走中国特色自主创新道路、提高创新能力是根本出路。

特别是我国当前制造业正处于转型升级的重要时期，具体到“智造工匠”人才培养方面，工匠精神、创新精神能够凝心聚力，是推动社会经济发展的精神源泉，也是个人职业成长的道德指引。只有给予工匠精神和创新精神充分的尊重与肯定，形成良好的社会文化氛围，才能加深“智造工匠”人才对工匠精神和创新精神的理解和认识，推进其积极践行和弘扬。

（二）加大对工匠精神、创新精神的宣传力度

要充分利用公共场所的资源开展有关工匠精神、创新精神的人物事迹宣传。可以在公园、主干道的投影屏以及广告栏和宣传栏等区域投放工匠精神、创新精神的宣传知识和人物事迹报告。此外，要充分利用媒体对工匠精神、创新精神展开宣传，可以利用电视、广播、报纸、互联网等媒体传播工匠精神、创新精神的先进事迹和优秀的精神品质，从而

增强人们对文化的自信和对民族的自豪感。企业和政府可以联合举办各种类型的高规格的技术技能大赛，对表现优秀获奖的个体和团体进行颁发证书和相应的资金鼓励，对于表现特别突出的个人可以考虑给予晋升机会。同时，鼓励大学生积极参与其中，让更多的大学生在竞赛的过程中观摩技艺，亲身感受工匠精神、创新精神的魅力。

（三）增强社会组织与行业协会的支持力度

“智造工匠”人才培养中要增强社会组织与行业协会的支持力度，社会组织和行业协会可以通过提供资源支持、开展培训项目、设立奖项和荣誉、制定行业标准和认证、推动产业链协同、加强国际交流与合作、提供人才需求与市场对接服务等途径，为“智造工匠”人才培养提供有力支持。这将有助于提高“智造工匠”人才培养的质量，促进我国制造业的持续发展和升级，具体如以下七点：

1. 提供资源支持

行业协会和社会组织可以为“智造工匠”人才培养提供多方面的资源支持。例如，他们可以充分利用行业内的专家资源，为“智造工匠”人才培训课程提供专业指导和技术支持。此外，他们还可以推动设备共享，使培训机构能够共同使用高质量的实训设备，从而提高人才培养质量。

2. 开展培训项目

行业协会和社会组织可以结合行业需求，开展针对性的“智造工匠”人才培训项目。这些项目旨在提高人才的技能水平，使他们能够满足不断变化的产业需求。此外，这些培训项目也有助于“智造工匠”人才间的技能交流和经验分享，从而为他们提供更多的学习和发展机会。

3. 设立奖项和荣誉

为了鼓励“智造工匠”人才在技能和创新方面取得突出成绩，行业协会和社会组织可以设立各种奖项、荣誉和激励措施。这些奖励机制有

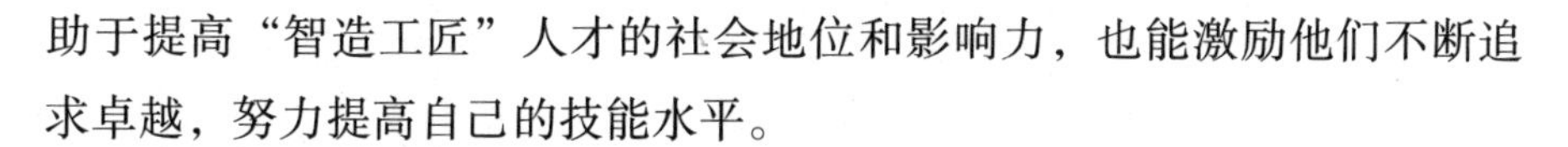

助于提高“智造工匠”人才的社会地位和影响力，也能激励他们不断追求卓越，努力提高自己的技能水平。

4. 制定行业标准与认证

行业协会和社会组织可以制定相关的行业标准和认证体系，以规范“智造工匠”人才的培训和评价过程。这有助于保障培训质量，同时能为“智造工匠”人才提供一个公平、公正的评价和认证机制，有利于他们在就业和发展过程中获得更多的机会和资源。

5. 推动产业链协同

行业协会和社会组织可以积极搭建“智造工匠”人才培养的产业链协同平台。这些平台可以促进学校、企业、科研机构等各方资源的共享和互动，推动“智造工匠”人才培养的产学研一体化发展。此外，产业链协同还有助于及时了解行业发展趋势和技术变革，为“智造工匠”人才培养提供有针对性的指导和调整。

6. 加强国际交流与合作

行业协会和社会组织可积极推动国际交流与合作，促进“智造工匠”人才与国际同行的技能交流和经验分享。通过引进国外先进的培训模式和技术，能够使“智造工匠”人才拓宽视野，提高自身的竞争力，为我国的制造业发展注入新的活力。

7. 提供人才需求与市场对接服务

行业协会和社会组织可以为“智造工匠”人才提供就业信息和市场对接服务。通过及时了解行业内的人才需求，行业协会和社会组织可以为“智造工匠”人才提供有针对性的招聘信息，帮助他们顺利融入市场，实现人才与企业需求的精准匹配。

第三节　政府为“智造工匠”人才培养提供有力保障

政府是国家意志的体现者和贯彻者，是唯一享有公共事务管理资格的主体，是全社会利益的代表者，行使着对全社会一切事务监督、控制和管理的权力[1]。政府是对社会进行管理的权力机关，在政治、经济、文化、教育和社会公共事务管理方面发挥着决策性的作用。政府职能是国家行政性质和方向的体现。政府在“智造工匠”人才培养方面起着重要的引导和保障作用。具体如下：

一、顶层设计的加强

政府顶层设计的加强能够从国家层面来对高校的发展、人才培养情况从整体上进行规划布局。将“智造工匠”人才培养提升到国家层面给予重视，加强政府方面的宏观指导，鼓励不同地方结合自身的实际发展情况进行“智造工匠”人才培养计划，并制定相应的政策向其倾斜，为“智造工匠”人才培养营造良好的政策环境，增强其可操作性。政府还要进一步发挥监督职能，促进地方将“智造工匠”人才培养的相关政策落到实处，及时发现人才培养过程中存在的问题和不足，有针对性地进行指导和宏观调控。需要注意的是，政府在对“智造工匠”人才培养加强顶层设计的同时，要注意赋予院校更多的发展自主权，因为院校作为独立的发展主体，对自身的发展情况具有最深刻、最清晰的认识，能够结合自身的实际情况对人才培养进行有针对性的调整，促进“智造工匠”人才培养整体效果的提升。

二、政策法规的优化

立法是制定法律、法规的活动，是体现和维护国家最高利益、由国

[1] 李月军．法治政府[M]. 北京：中央编译出版社，2013：5.

家制定并实施的各种行为规范的综合[1]。“智造工匠”人才培养需要职业教育法制建设的不断发展和完善，需要有法律依据作为强有力的保障。政策法规是“智造工匠”人才培养能够实现的重要保障，能够确保人才培养发展的方向和路径（图 7–5）。

图 7–5　“智造工匠”人才培养中政策法规的优化

（一）对《中华人民共和国职业教育法》的不断完善

《中华人民共和国职业教育法》是我国职业教育发展的重要法律武器，也是促进“智造工匠”人才培养实施的有效保障。随着我国职业教育的不断深化和发展，《中华人民共和国职业教育法》需要结合时代的发展作出调整和完善。

2022 年 4 月 20 日，第十三届全国人民代表大会常务委员会第三十四次会议通过了对《中华人民共和国职业教育法》进行修订的表决，2022 年 5 月 1 日起正式施行。新修订的《中华人民共和国职业教育法》，首次以法律的形式规定了职业教育具有同普通教育同等重要的地位，明确规定国家采取措施，提高技术技能人才的社会地位和待遇，弘扬劳动光荣、技能宝贵、创造伟大的时代风尚；提出国家通过组织开展职业技能竞赛等活动，为技术技能人才提供展示技能、切磋技艺的平台，持续培养更多高素质技术技能人才、能工巧匠和大国工匠；提出职业学校学生在升学、就业、职业发展等方面与同层次普通学校学生享有平等的机会。

《中华人民共和国职业教育法》的修订进一步明确了技术技能人才的

[1] 黄尧 . 职业教育学 原理与应用 [M]. 北京：高等教育出版社，2009：257.

重要性，体现了国家对技术技能人才以及工匠精神培育的重视，有利于提升各院校和学生对工匠精神的重视程度，对我国“智造工匠”人才培养将产生更为巨大的推动力。

（二）加大执法和监管力度

我国的职业教育发展在近年来取得了巨大成就，发展体系框架已经基本形成，人才培养能力大幅提高。但是，产教融合程度浅、吸引力弱等问题依然存在，体量大而不强，监管不到位的现象时有发生。当前和今后一段时期，我国要加快推进职业教育现代化，为“智造工匠”人才培养做好坚实保障。在职业教育及“智造工匠”人才培养方面，各地区需要坚决执行国家政策，各地区结合本地区的经济发展情况、区域发展特点可以作出适当的细化和调整。但是，最终在法律执行上需要付诸实践，才能真正达到发展职业教育、培养具有工匠精神的“智造工匠”人才的目的。

在中国制造业迫切需要突破的今天，加强职业教育法制建设，能为“智造工匠”人才培养保驾护航，各级政府需要发挥主要职能作用，需要不断强化和落实高校、企业的执行力度，需要不断完善监管体系，加强法律监督。将法律法规真正践行、落到实处，解决立法与执法、理论与实践“两张皮”的问题，是保障“智造工匠”人才培养成功实施的重要前提和基础。

（三）加强校企合作的规范性

“智造工匠”人才培养体系的构建要加强对校企合作的规范和引导。我国于 1993 年颁布实施了《中华人民共和国科技进步法》，并于 2007 年和 2021 年进行了修订；2002 年颁布实施了《中华人民共和国中小企业促进法》，并于 2017 年进行了修订，这些法律法规的颁布有利于促进科技的进步和企业的发展，促进校企合作的完善。今后，我国仍需要继续完善校企协同育人的相关法律法规，明确规定校企协同双方的职责、权利与义务，为校企协同提供法律依据，保证校企协同的规范性。

三、财政方面的支持

充足的资金是“智能制造”人才培养顺利开展的前提和基础。虽然我国每年不断加大对教育和人才培养方面的资金投入，但资金问题仍然是影响“智造工匠”人才培养的重要因素之一。

一方面，国家和地方各级政府要加大对“智造工匠”人才的投入力度，落实相关补贴政策，发挥好政府资金的引导和撬动作用。合理调整就业补助资金支出结构，保障培训补贴资金落实到位。加大对用于“智造工匠”人才培养各项补贴资金的整合力度，提高使用效益。完善经费补贴拨付流程，简化程序，提高效率。要规范财政资金管理，依法加强对培训补贴资金的监督，防止骗取、挪用，保障资金安全和效益。有条件的地区可安排经费，对智能制造职业技能培训教材开发、新职业研究、职业技能标准开发、师资培训、职业技能竞赛、评选表彰等基础工作给予支持。此外，拓展资金的筹措渠道。在政府的主导下，建立政府、企业、社会的多元投入机制，鼓励社会捐助、赞助弘扬工匠精神的职业技能竞赛活动。

另一方面，国家要加大对工匠精神和智能制造技术技能的提倡和鼓励。国家对工匠精神和智能制造技术技能的提倡和鼓励，能够极大地提升学生的职业幸福感和自豪感。为促进“智造工匠”人才培养，国家应该采取相关措施。多举办智能制造方面的技术技能大赛，从财政上加大对智能制造技术技能的资金支持与奖励，这些措施能有效调动学生的积极性和主动性，进一步激发学生学习的热情。

四、职业教育体制的完善

从智能制造业发达国家人才培养方面的分析与借鉴中可以看出，很多发达国家已经建立了较完善的职业教育体系，在职业教育和普通高等教育之间搭建了桥梁，实现了“职业教育—专科学校—技术学院—科技大学”的完善的职业教育体系，形成了多渠道、多元化的“智造工匠”

人才培养模式，在满足不同层次学生深造需求的同时，促进了区域经济的发展，培养了大批具有工匠精神的“智造工匠”技术技能人才。

我国的职业教育经过多年的发展，已经形成一定的规模，但还没有形成完整的职业教育体系，高等职业人才培养教育需要作出进一步调整，加快改革创新；应用型本科教育还未能发挥“智造工匠”人才培养中流砥柱的作用，还需要加快转型工作；研究生“智造工匠”人才培养体系更是处于起步阶段。总体来说，我国的职业教育体系还不完善，正处于历史转折的重要时期。无论职业教育还是学术教育对于我国社会经济发展和制造业的转型来说都是必需的，应该进一步推进职业教育的分类管理，构建完善的高等职业专科教育、本科教育、专业学位研究生教育的“智造工匠”人才培养渠道。

我国的高等职业教育与本科教育存在脱节现象，没有形成完整的人才培养体系，高等职业教育的学生在毕业后缺少直接进入本科院校学习的途径，“智造工匠”人才培养体系存在“割裂”现象。另外，教育体系要加大非学历教育，健全职业教育社会培训制度，构建学历教育和非学历教育协调发展、职业教育和普通教育相互沟通、职前教育和职后教育有效衔接的“智造工匠”人才培养体系，促进全民学有所教、学有所成、学有所用，这是“智造工匠”人才培养的关键。高校要从专业设置入手，强化工匠精神的培育，系统设计“智造工匠”人才培养方案，构建学分转换的职业教育和普通教育的互通机制，推进职业教育毕业证书和职业资格证书对接的“双证书”制度，为“智造工匠”人才培养创造有利条件。

五、优化终身学习职业教育体系

终身学习是指社会每个成员为适应社会发展和实现个体发展的需要，贯穿于人一生的持续学习的过程中[1]。职业教育是终身教育体系的重要组成部分，终身学习职业教育体系的优化有利于各方面合力促进“智造工

[1] 陈晓瑾．终身学习战略的构成要素 [J]. 山海经（教育前沿），2020(21)：257–258.

匠”人才培养。首先，国家要对职业技术教育、高等教育、继续教育各阶段的教育进行统筹规划，优化终身学习职业教育体系的同时，重点培育学生的工匠精神，着力提高学生的职业能力和职业素养。要坚持德技双修的育人机制，坚持弘扬工匠文化和工匠精神，进一步优化终身学习职业教育体系，开展各种技能培训，为学习者提供各种岗前培训、转岗培训、就业创业培训等，满足智能制造产业对“智造工匠”人才的需求。其次，国家要加大对终身学习职业教育的宣传，组织大批具有先进技术和技能的“智造工匠”人才到人才相对匮乏的地区开展公益培训等活动，让更多人了解终身学习的重要性，提高终身学习职业教育的思想意识，主动开展关于工匠精神和技术技能提高的智能制造方面的学习和深造。

第四节 学校为“智造工匠”人才培养承担主体责任

“智造工匠”人才培养中，高校是人才培养的主阵地，承担着人才培养的主体责任和重大使命。高校应该把培养具有工匠精神、创新精神的“智造工匠”人才作为人才培养的重中之重，将工匠精神、创新精神融入“智造工匠”人才培养的全过程，实现中国制造业的转型升级，实现中华民族的伟大复兴。具体如下以下六点。

一、树立科学的人才培养目标

“智造工匠”人才培养中学校要积极承担人才培养的主体责任，树立科学的人才培养目标，以市场为导向、以学生实践能力的培养为核心，培养一大批具有工匠精神、创新精神的智能制造人才。

（一）以市场为导向

“智造工匠”人才培养要注重与智能制造行业、企业的对接，培养符合智能制造行业所需要的高素质智能制造人才。“智造工匠”人才是在我国产业结构调整、智能制造业转型升级的背景下产生的，是为了适应科技的发展和智能制造业生产的实际需要，从事智能制造领域的生产、管理、服务等具体工作，“智造工匠”人才培养在很大程度上受到市场需求的影响。因此，“智造工匠”人才培养要结合社会经济的发展需求和智能制造业实际情况，对市场需求进行准确定位，有针对性地制定人才培养的目标和规划。学校应该将市场需求中呈现的对智能制造人才的相关要求和特点融入人才培养的具体课程教学中，从知识、能力、素质等方面，对人才培养的课程内容进行整体优化，在此基础上科学构建“智造工匠”人才培养的目标。

（二）以学生实践能力的培养为核心

“智造工匠”人才培养中学校要注重学生实践能力的培养，使学生能够将自己已经掌握的知识和方法与实际生活当中的问题相联系，运用自身已有的知识和经验来解决这些问题。“智造工匠”人才培养中最主要的就是培养学生的实践技能，所以人才培养的过程中要注意实践培训与理论知识的相结合，但这也不代表要重实践轻知识，而是将二者深度融合。学校应将社会中、行业企业的智能制造相关专业高层次专家请到学校中来，与学生和老师充分交流，共同探讨实际问题，丰富学生的知识结构和能力素养；让学生走出校园实习培训，去行业企业的最前线，增加自己的社会实践经验，开阔眼界，通过切身实践去学习更多的技能和知识；也可以在实践过程中根据情况调节学生的培养目标和培养计划。

二、制定完善的人才培养质量标准

质量标准是学校对教育活动预期达到的效果所做的统一标准，是衡量学校人才培养质量的重要指标。“智造工匠”人才培养中制定完善的质量标准是提高人才培养质量的必要条件，学校在制定相关人才培养质量标准时要注重完善性、全面性。具体来说，“智造工匠”人才培养质量标准的制定需要从以下三个方面来把握（图 7–6）。

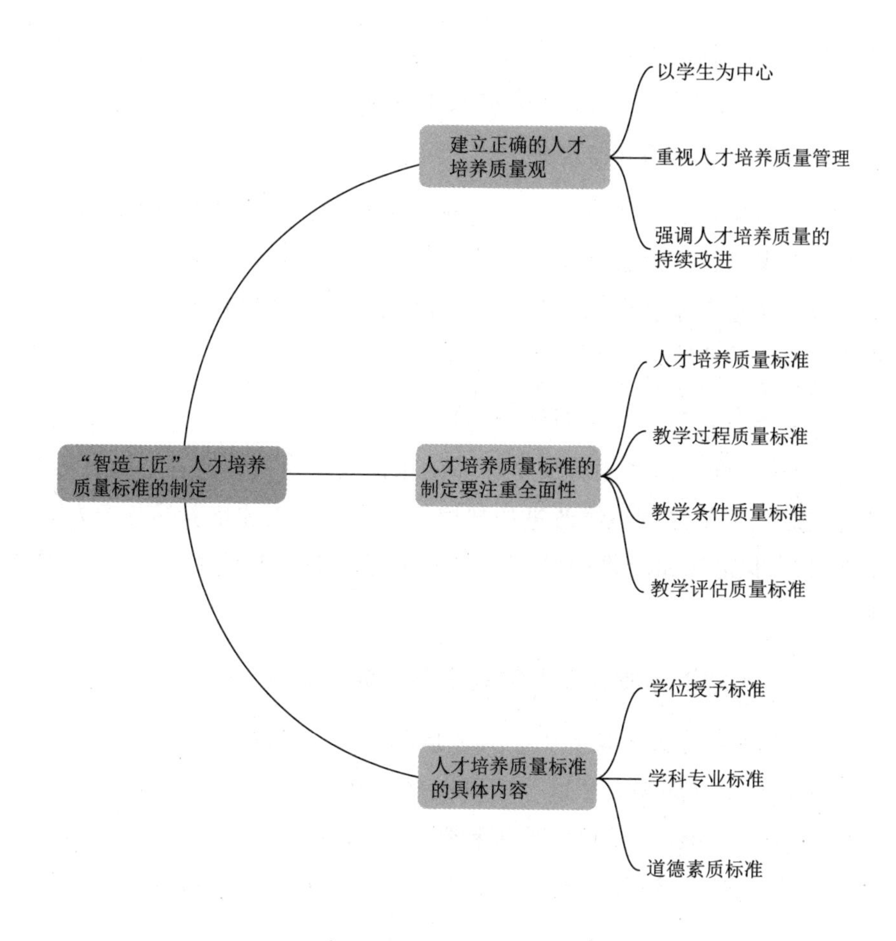

图 7-6 “智造工匠”人才培养质量标准的制定

（一）建立正确的人才培养质量观

“智造工匠”人才培养完善的人才培养质量标准的制定首先要建立在正确的人才培养质量观基础上。具体来说，“智造工匠”人才培养的质量观包括：

1. 以学生为中心

以学生为中心为提高“智造工匠”人才培养质量提供了有力保障。以学生为中心包含两层含义：一是以人才培养目标为中心，满足新经济形势下对智能制造人才培养质量的不同要求；二是注重因材施教，充分尊重学生的个体需求，满足社会对人才多样化的需求。

2. 重视人才培养质量管理

教育教学过程是不断接近质量标准的过程，质量保障的关键是过程管理。重视过程管理强调从只关注“教学”过程，转向重视“教育”过程，即从课堂教学转向课内外教育。因此，要将各种有组织有计划的课外教育教学活动纳入过程管理的范畴。

3. 强调人才培养质量的持续改进

“智造工匠”人才培养质量保障的永恒要求是持续改进，没有最好，只有更好，正是强调持续改进的规律，这表明在人才培养的各个方面都存在进一步完善和改进的空间，需要不断提升“智造工匠”人才培养质量。

（二）人才培养质量标准的制定要注重全面性

“智造工匠”人才培养中，人才培养质量标准的制定要注重全面性，质量标准要能够涵盖人才培养质量标准、教学过程质量标准、教学条件质量标准、教学评估质量标准等教学活动的方方面面，实现人才培养质量标准的全覆盖，以便实现对教学活动的规范和人才培养的指导作用。

（三）人才培养质量标准的具体内容

“智造工匠”人才培养过程中，人才培养质量标准包括学位授予标准、学科专业标准、道德素质标准等。由于“智造工匠”人才培养具有一定的特殊性，人才培养质量标准也更加注重人才的应用性。学科专业标准上，要在课程设置、专业建设、学业目标方面制定相应标准。高校在智能制造相关专业设置上要结合当地的企业发展情况，加大实践课程的比重，学业目标上要培养既掌握扎实的专业知识又具备实践能力的“智造工匠”人才。在道德素质标准方面，“智造工匠”人才培养过程中要注重道德素养的培养，拥有良好的道德素养是成才的基本。教学过程质量标准包括对教师教学内容、教学方法的统一标准，对课堂教学、实践教学环节的标准制定。教学条件质量标准对学校的经费使用、教学基础设施建设、实验实训基地的建设使用、师资队伍的建设进行规定，从人力、物力、财力三个方面对教学条件制定质量标准，保障教学质量。对教学效果进行评估应制定相应的质量标准，确保教学监督评价工作有效进行。

三、优化产教融合的人才培养模式

校企合作是学校和企业之间建立的一种联合培育人才的方式，是一种注重人才培养质量，在校学习与企业实践相结合，学校与企业实现资源和信息共享的人才培养模式。产教融合是指产业与教育相互融合形成有机整体的一种人才培养方式，强调通过国家政策上的支持，产业和教育实现在资源、信息等方面的充分融合，发挥各自的优势，共同培养人才的一种模式。校企合作、产教融合创新了实践载体，拓展了“智造工匠”人才培养的有效形式，使高校学生深入智能制造企业和生产一线，近距离感受智能制造实践能力的重要性，浸染工匠文化，从而进一步提升职业素养和职业精神。

（一）创新校企合作模式

产教融合、校企合作中的合作模式非常重要，它决定了高校与企业（产业）之间合作的深度和广度。校企双方要根据“智造工匠”人才培养的要求，不断创新合作模式，深化合作内容，突出职业技能教育，强调职业精神的培养。我国的产教融合可以分为两个阶段，2013 年前，参与的学校主要是职高、中职、高职高专。这个阶段校企双方创造了多种合作模式，经历了从简到繁、由低到高、由点到面、由单环节向全方位过渡的发展过程。校企双方创造实习合作、校企联合培养、校企实体合作等人才培养模式。从最初的校企双方共建实习基地，到后来的订单式培养、引企入校、引校入企，从学校主体、企业配合的单一主体校企合作，到校企双方都是人才培养主体的产教融合。随着一批地方普通本科高校开始转型发展，中国的高等职业教育进入了一个新阶段。本科层次的职业教育产教融合可以借鉴高职高专创造的一些模式，但不能照搬，因为二者的层次不同。应用型本科主要培养高科技部门、技术密集产业的高级工程技术应用型人才，并担负培养生产第一线需要的管理者、组织者，以及职业学校师资等任务。一般把应用型本科高校定位为培养技术技能型人才。因而，应用型本科院校的校企合作应当有所区别。比如，高职高专经常采用的校企联合的订单式培养模式就不适用于应用型本科院校的人才培养，因为这种模式的岗位针对性强，重点考虑职业技能训练等方面的要求，基础理论知识遵循“必需、够用”的原则，以应用为目的，注重实用性。而应用型本科高校培养的人才应有更宽的理论基础，在构建课程体系时应注重培养对象所要从事的职业岗位（群）的实际，实现“足够、扎实”的理论基础和相对完整的实践技能的有机结合。高校应该结合“智造工匠”人才培养不同的层次选择不同的合作模式，将“智造工匠”人才培养从职业教育延伸到以职业教育、高等教育为重点的整个教育体系。

（二）开展协同育人模式

产教融合、校企合作是培养和传承工匠精神的有效手段，通过产教融合、校企合作，高校能够适时调整“智造工匠”人才培养的目标和培养方案，借助企业的技术资源与优秀工匠文化，更好地开展“智造工匠”人才培养工作。通过产业融合、校企合作，高校可以与智能制造相关的行业协会、企业等机构进行合作，让高校学生走进企业，适应从学生到职业人之间的角色转换，在这一过程中培养学生良好的职业观、劳动观、道德观。让学生体悟工匠的使命和信仰不仅是服务自身、追求个人价值，更重要的是服务社会、实现社会价值。培养工匠精神不仅要培养专业、高超的技能，也要培养社会责任感和担当精神。

工匠精神的培育要站在社会经济发展的角度来考虑，需要行业、企业的深层次参与[1]。因此，“智造工匠”人才培养应该开展产教融合、校企合作的协同育人模式，让学生参与企业生产实践，在企业真实工作环境中强化工匠精神和职业素养的培育。

（三）增强合作育人效果

“智造工匠”人才培养通过借助企业的力量，构建校企合作模式，产生校企协同育人的教育合力，促进实现工匠精神的培育，实现德技双馨的“智造工匠”人才培养目标。

（1）建立校企合作的组织机构。高校应该成立校企合作的专门组织机构来对校企合作的具体实施进行统筹安排，从而实现对校企合作的各个阶段的有效监管和反馈。

（2）高校在选择企业合作时要根据不同专业学生的需要有针对性、计划性地开展校企合作。一方面，企业资质必须过硬，尽量选择具有较大影响力、富有文化底蕴的优质企业。这样的企业一般具有丰富的资源、精良的设施设备、技术精湛的员工，为高校大学生技能和素养的培养提供了极大的帮助。另一方面，企业参与校企合作的积极性较强，具有强烈的合作意愿。只有这样才能够凝聚企业力量，使在校大学生无形中受到企业文化的熏陶，最终形成工匠意识。

（3）也是最重要的一点，合作企业的产业布局和结构与高校的专业匹配度要高，这样才能使高校学生所学的理论知识和操作技能真正学有所用，从而提升他们对职业的认同感和自豪感。

四、把工匠精神融入人才培养全过程

“智造工匠”人才培养中在课程设计上要对传统课程体系进行改革，将工匠精神的培育纳入人才培养的全过程（图 7–7）。

[1] 阮杰昌，刘少雄．对高等职业技术教育与区域经济发展关系的探析 [J]. 教育现代化，2016(1)：209–211.

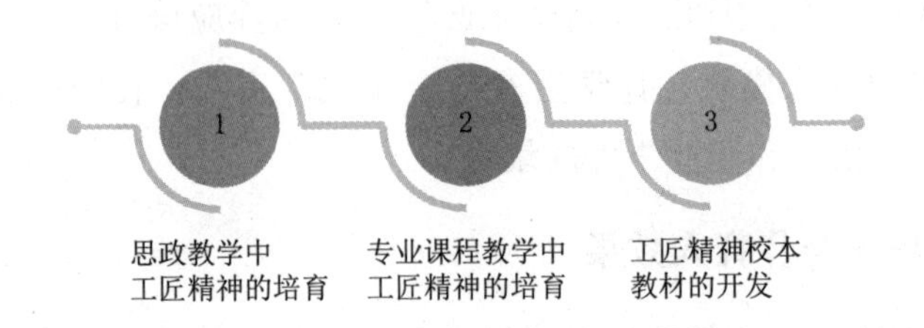

图 7-7　工匠精神融入人才培养全过程

（一）思政教学中工匠精神的培育

“智造工匠”人才培养中将工匠精神培育与思想政治课相结合有十分重要的现实意义和长远意义。高校在进行思政课教学时，要对工匠精神进行深入阐释，善于运用案例教学，突出工匠文化的浸润与移情教育，强调学生对工匠精神的认知和情感认同，从而激发他们学习工匠精神的热情和自觉践行工匠精神的动力。此外，思政课程要与课程思政协同配合，把工匠精神在专业课程与思想政治理论课程中进行深度融合。以课程思政的方式将工匠精神融入具体的专业课程中，从课堂实践教学、校园实践教学和虚拟实践教学四个方面开展，使工匠精神的培育工作达到更直接、更有效、事半功倍的效果。

1. 课堂实践教学

课堂实践教学中，工匠精神的培育可以通过观看影视剧、分享心得体会等方式开展。在课堂实践教学中要多进行互动，通过提问、答疑等环节加深对工匠精神的理解和把握。如可以将《大国工匠》《我在故宫修文物》《留住手艺》等讲述工匠精神的视频和纪录片作为教学主题和素材，组织学生观看并在课堂上开展交流讨论、答疑解惑。教师在互动中要充分发挥引导作用，帮助学生分析教学素材中所蕴含的时代背景，深入挖掘人物工匠精神的优秀品质，引导学生基于自身专业背景和个人理想目标解读工匠精神，在了解工匠精神共识性内涵的基础上形成个人的独到见解。

2. 校园实践教学

校园实践教学可以邀请工匠精神研究方面的专家学者到学校进行演讲和作报告，也可以邀请优秀技术人员和企业家到学校进行关于工匠精神的宣讲。这样，一方面能够帮助学生加强思想政治理论教学和道德品质培育；另一方面学生可以深刻领会到工匠精神的要义和力量。专家学者的学术报告可以让学生了解学术前沿的最新动态、增强学术思想和科研思维，此外，还可以学习专家与学者治学严谨、求实进取的优良学风和工匠态度。企业家能为学生带来最新的行业动态和人才需求方向，学生能够参考行业和企业的用人标准来严格要求自己，不断充实知识储备和提升职业综合素质。优秀技术人员能够为学生们带来技术上的经验传授和精益求精、不懈追求的精神感召，引导学生投身专业技术学习，树立爱岗敬业、求真务实的职业态度，将个人职业理想与中华民族复兴伟业联系起来，促进个人价值和社会价值的实现。

3. 社会实践教学

社会实践活动可以以志愿服务、社会调研等方式来开展。学生可以在教师或组织者的带领下深入企业一线、基层社区或偏远农村等地进行社会调研和志愿者活动。到基层社区和偏远农村进行社会实践，强化学生思想政治教育，能够加强学生理论知识与专业技能结合的实践应用能力，通过社会体验和劳动教育的方式开展集体主义和爱国主义教学。也可组织学生前往生产基地和知名企业进行调研，让学生在实践过程中深化理论知识，熟悉生产流程和操作过程，了解所在专业的行业前景和岗位需求，促使学生对照标准查找不足，增进学生对于优秀传统文化和高尚职业道德的体会。还可组织学生考察当地红色文化和历史文化资源，进行爱国主义和革命英雄主义教育，从而巩固思政课教学和工匠精神培育的成果。

4. 虚拟实践教学

虚拟实践教学主要是利用网络信息和虚拟技术开展实践教学。虚拟实践教学可以利用网络信息和“VR 技术”开展场馆实践来实现。教师可以引导学生利用手机、计算机等设备参观传统文化资源、红色文化资源等网络展馆，以实时互动的参观方式使学生切实感受到传统文化和红色文化带来的冲击，以及其中所蕴含的工匠精神元素。此外，教师还可以利用资源丰富的虚拟实践引导学生在体验科技创新成果的过程中培养科技创新思维，在享受“中国制造”的同时思考“中国智造”，激发“大胆设想、谨慎求证”的科学精神，为工匠精神培育提供新的精神动力。

（二）专业课程教学中工匠精神的培育

专业课程是培育工匠精神的主要载体，如何培养“智造工匠”人才的工匠精神是高校专业课程体系建设的重要内容。专业教师要结合本专业的特点，以就业为导向，以培养学生的专业素养为目标，在专业课程教学的各个环节渗透工匠精神，把专业理论课程学习与工匠精神培育紧密结合起来，加强职业精神和职业道德教育。

另外，专业课实训教学对培养学生的工匠精神具有重要作用。设计规范、精细的项目实训指导方案，是培养学生工匠精神的基础性工程，实训指导方案设计，要把规范实训操作、细化实训步骤放在首位。学生只有经过技术技能的不断练习和训练，才能得心应手，达到匠心独运的延伸与创新。只有在专业课实训教学上下功夫，让学生在技能操作上反复训练，夯实职业基础，才能实现工匠精神的传承和发扬。

（三）工匠精神校本教材的开发

教材是课程知识的核心载体，是教学活动的蓝图。高校要结合本地区的实际情况和办学特色，开发工匠精神校本教材，拓宽工匠精神的培育途径，提高学生职业技术水平与职业精神认知水平。高校应当充分利用区域资源，深入了解当地企业发展历程和杰出人物的工匠精神先进事迹，挖掘工匠精神的时代价值和现实意义，通过开发校本课程的方式来激发高校学生学习工匠精神的积极性和主动性，引导其坚定职业理想，在学习与实践中严格要求自己，努力培养和践行工匠精神。

五、创新人才培养体系

“智造工匠”人才培养过程中，学校要积极发挥培养主体作用，不断加强自身建设，结合自身发展实际，创新人才培养体系，促进人才培养目标的实现。具体如下：

（一）加强人才培养的专业课程体系建设

“智造工匠”人才培养中，专业课程体系建设具有非常重要的作用，学校要依据智能制造产业市场发展变化来调整专业设置，依据人才培养目标来科学合理安排课程的内容和课时。在“智造工匠”人才培养专业课程体系建设方面，学校要具有前瞻意识，坚持差异化、灵活化的原则，处理好人才培养中数量与质量、学校近期发展和远期规划等方面的关系。在学科专业建设方面，一方面要找准定位，在明确“智造工匠”人才培养目标的基础上进行专业课程的设置，避免出现片面追求学科门类齐全而忽视学科特色专业发展的错误。强调学科专业的设置对地方智能制造产业，以及经济发展的促进作用，此外，还要有利于学生相关职业能力的养成。另一方面，“智造工匠”人才培养专业课程体系建设要转变重知识轻应用、重理论轻实践的设置思路，在专业课程体系建设中要注重学生综合能力和实践应用能力的培养。高校应协调好知识传授和能力培养的关系，让“智造工匠”人才真正做到学以致用。高校应按照“智造工匠”人才培养目标对课程体系进行整体完善，优化课程设置，结合行业发展动态，及时更新调整课程内容，并适时设计、开发新的课程内容，积极构建“专业知识理论+实践能力培养+综合素质提升+知识开发应用”的课程体系，突出“智造工匠”人才的工匠精神内涵和实践性本质特征。

（二）加强人才培养跨学科交叉建设

“智造工匠”人才培养中，学校要依托优势学科，打造智能制造业特色专业、优质专业和品牌专业，对传统的制造专业进行改造升级，加强跨学科交叉建设。跨学科交叉建设能够避免人才培养中过分强调学科专业的细化、人才知识结构单一、人才缺乏创新能力等方面的问题，在发展学校自身学科优势和特色专业的基础上，实现跨学科教育建设，培养出具有工匠精神、创新精神、多方面知识结构和综合能力的“智造工匠”人才。此外，为保障“智造工匠”人才培养跨学科交叉建设的顺利开展，高校要结合学校发展的实际情况，充实具有跨学科教学能力的师资力量。

（三）多种教学手段的综合采用

“智造工匠”人才培养中要综合采用多种手段，促进人才培养目标的实现（图 7-8）。

图 7-8　多种教学手段的综合采用

1. 采用多元化教学法促进学生学习能力的提高

学校在“智造工匠”人才培养过程中要结合人才培养的目标和人才培养内容，采用多元化的教学方法，教学过程要以学生为主体开展互动性教学。通过多元化教学方法，能够积极发现学生的兴趣和关注点，加深学生对知识的理解和消化，促进知识体系的构建以及综合能力的培养，使不同类型、不同个性特点的学生都能有效发挥自己的特长，有利于学生良好学习习惯的培养、自学能力的提升和终身学习能力的培养。

2. 采用项目式教学法提高学生应用能力

项目式教学是指老师和学生一起实施和完成一个完整的工作项目的过程，同时培养学生知识文化素养和专业实践技能的教学活动。在项目式教学法实施过程中，教师首先要对项目进行演示，学生在明确应该怎么做之后围绕这个项目进行讨论交流，然后通过协作分工的方式来完成任务。在项目式教学法中，所有的教学活动都是围绕这个项目来展开的，学生理论知识和实践经验的获得也是围绕这个项目进行的，它需要学生亲自动手参与其中，锻炼了学生的实践操作能力，是一种理论联系实际的教学方法。项目式教学法与老师单纯传授理论知识的一般教学方法不同，它是一种注重具体细节实施的教学方法，通过细节的完成使学生的知识和能力在不知不觉间获得提高。并且，项目式教学法与传统教育方法相比能够起到对学生全面锻炼和发展的作用，能够引发学生主动思考，主动参与到学习与实践活动中，促进学生团队协作能力、创造能力等方面的综合提升。

3. 构建教师教学共同体，提升教师之间的合作能力

教师教学共同体是指教师为了共同的目标聚集起来，教师之间以及管理者之间不是从属关系而是伙伴关系，以团队形式进行交流体验，这种扁平化的组织结构使成员在有效的学习中不断建立起对学校的共同愿景。[1]“智造工匠”人才培养中教师教学共同体的构建能够加强教师之间的交流，通过分享彼此的教学心得，制订共同的教学目标和人才培养目标，通过合作讨论研究，互帮互助促进发展。教师教学共同体可以是青年教师与经验丰富的年长教师的相互合作，也可以是校内教师与校外企业教师之间的合作，通过合作，能够拓宽思路，互相弥补在理论知识和实践技能方面存在的不足，形成教师教学共同体。教师教学共同体的构建能够提升教师之间的合作能力，促进教师综合素质和综合能力的发展，从而为“智造工匠”人才培养提供更多的支持和可能。

六、构建内外合力育人的协同机制

“智造工匠”人才培养要建立内外合力育人的协同机制，学校要破除办学定位趋同和按照惯性思维发展的人才培养路径，综合分析自身实际

[1] 杜思民. 高校青年教师的身份建构与专业发展[M]. 开封：河南大学出版社，2019:124.

情况和外部环境，实现资源的共建共享，形成一种长效机制，实现人才培养中的互利共赢（图 7–9）。

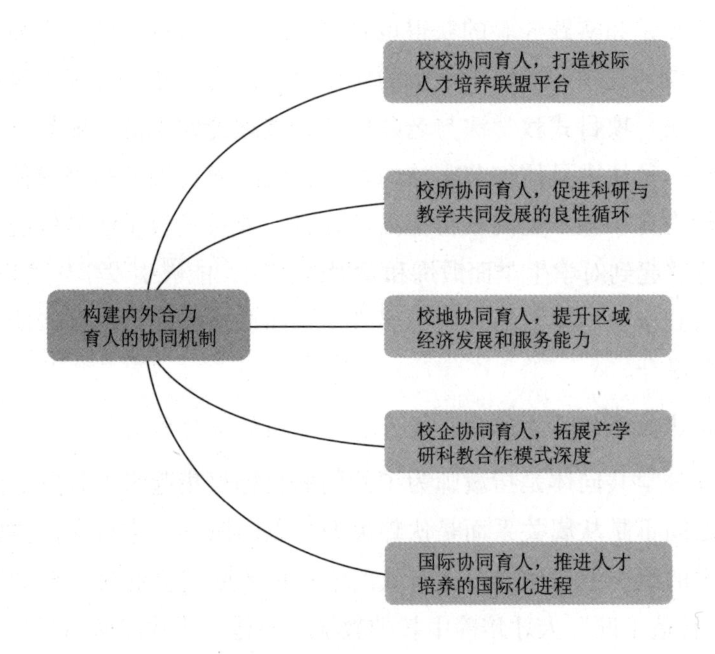

图 7–9 构建内外合力育人的协同机制

（一）校校协同育人，打造校际人才培养联盟平台

校校协同育人是指高校通过与同层次、高层次以及国外高校的协同合作，打造校际人才培养联盟平台，实现人才培养的目的。在“智造工匠”人才培养中，学校要以校校联合为基础，广泛开展科研合作、学科共建，促进科学研究的创新以及人才培养目标的实现。

（二）校所协同育人，促进科研与教学共同发展的良性循环

校所协同育人是指高校和科研所协同合作的育人模式。校所协同育人模式是一项系统工程，有利于深化科技的转化，实现人才的赋能，校所协同育人需要政府的合理引导和扶持，在土地配置、市场拓展、资金扶持等方面给予一定的保障。学校要积极推进校所科教协同合作，搭建

科技创新和科研合作的新载体。此外，要勇于打破体制制度方面的樊篱，促进科技成果的进一步转化，改善智能制造人才的管理模式，激发其内在动力，实现更大范围和更高层次的校所合作。

（三）校地协同育人，提升区域经济发展和服务能力

校地协同育人是指高校通过与地方政府协同合作，形成具有地方特色的发展道路。“智造工匠”人才培养中，学校要进一步突出智能制造相关专业的应用性和实践性，建立起适应区域产业经济发展的学科专业格局，通过进一步调整创新，构建涵盖区域内智能制造行业的相关专业体系。此外，学校要以服务求发展，为地方提供智能制造方面的应用性服务，与地方政府以及相关企业建立长期战略合作伙伴关系。

（四）校企协同育人，拓展产学研科教合作模式深度

校企协同育人是指学校和企业将自己的优势资源整合到人才培养中，提升学生的实践能力和综合素质。“智造工匠”人才培养中，学校要积极利用知识资源，与企业的技术资源形成互补，通过推进“智造工匠”人才培养的规模化、实践化发展，拓展产学研科教合作模式的深度，实现专业、产业、职业方面的无缝对接，为社会培养更多的“智造工匠”人才。

（五）国际协同育人，推进人才培养的国际化进程

高校要树立国际化的发展理念，实施国际协同育人，在“智造工匠”人才培养中要拥有国际化视野，借鉴国外先进国家在智能制造业人才培养方面的先进经验，推进人才培养的国际化进程。积极开展中外分段、学生互换、学分互认、学位互授等合作形式，在国际协同育人方面实现新的突破，培养一大批具有国际化理念的高素质智能制造业人才。

第五节 企业为“智造工匠”人才培养提供支撑作用

在当今社会，制造业正面临日益激烈的竞争环境，企业为实现转型升级和可持续发展，对“智造工匠”人才的需求越来越迫切。“智造工匠”人才不仅具备丰富的专业知识，还具备创新意识和实践能力，是推动制造业创新发展的重要力量。企业在“智造工匠”人才培养方面应发挥关键支撑作用，为培养出更多优秀的智造工匠人才做出贡献。

一、企业与学校合作培养“智造工匠”人才的主要模式

企业与学校合作培养“智造工匠”人才培养的主要模式包括产学研一体化合作模式、订单式培养模式、工学结合培养模式等。下面进行详细论述。

（一）产学研一体化合作模式

产学研一体化合作模式是指企业与职业院校和科研机构共同合作，实现资源共享和优势互补，提高人才培养的质量和效率，培养具有创新精神和实践能力的高素质“智造工匠”人才。该模式将企业、高职院校和科研机构的优势资源整合在一起，形成一个互补的人才培养体系，提高人才培养的质量和效率。产学研一体化合作模式强调将企业的实际需求、高职院校的教学特点和科研机构的研究成果紧密结合，培养出既掌握理论知识又具备实际操作能力的“智造工匠”人才，推动技术创新和人才培养模式的创新，为制造业的转型升级和智能制造发展提供有力支持。

（二）订单式培养模式

订单式培养模式是一种以企业需求为导向，高度关注市场和产业发展趋势的人才培养模式。在这一模式中，企业与高职院校紧密合作，共

同设计和实施人才培养计划，以培养出符合企业实际需求的高素质“智造工匠”人才。订单式培养模式以企业需求为基础，结合市场和产业发展趋势，培养具有实际操作能力和创新精神的“智造工匠”人才。订单式培养模式具有定向化和个性化的人才培养特点，一方面，通过企业与高职院校签订合作协议，明确双方在人才培养过程中的权利和义务，实施定向培养，确保人才培养质量和效果。另一方面，根据企业的实际需求和学生的个性特点，制订个性化的培养方案，以提高人才培养的针对性和实效性。

（三）工学结合培养模式

工学结合培养模式是指将企业与学校两种教育资源与教育环境优化组合，学生在学习期间既要学习与职业相关的教育理论，又要在实训基地进行训练，完成一定的生产性作业，将学习与工作充分结合的模式。这一模式旨在培养具有扎实理论基础、实际操作能力和创新精神的“智造工匠”人才，为制造业发展提供高素质的技术和管理方面的人才。工学结合培养模式注重理论教育与实践教学相结合，在教学过程中，注重理论教育与实践教学的融合，强调学生在掌握基本理论知识的同时，注重实际操作能力的培养，通过实习实训、项目研发等方式，让学生在实际操作中掌握专业技能，培养创新意识。此外，工学结合培养模式能够根据学生的兴趣和特长，制订个性化的培养方案，提高人才培养的针对性和实效性。

二、“智造工匠”人才培养中企业支撑作用的重要意义

“智造工匠”人才培养是新时代产业发展的关键，而企业在这一过程中发挥着至关重要的支撑作用。“智造工匠”人才培养中企业支撑作用的意义主要体现在以下六个方面。

（一）确保培养目标与市场需求紧密结合

企业了解市场需求和行业发展趋势，能够为人才培养提供有针对性

的方向。企业可以在参与“智造工匠”人才培养过程中，确保培养的人才能够满足市场需求，提高人才的实际应用价值。通过与高职院校共同制订培养方案和课程体系，确保人才培养目标与市场需求紧密结合，为社会提供更多的就业机会。

（二）提高教学质量和实践性

企业在技术研发、生产管理等方面具有丰富的实践经验，参与人才培养有助于提高教学质量和实践性。企业可以为学校提供实际案例、最新技术动态和实践基地，帮助学生将理论知识应用于实际操作，培养具备实际操作能力的“智造工匠”人才。同时，企业技术专家和管理人员可以到学校兼职教学，传授实践经验和专业知识，以提高学生的实践能力和创新意识。

（三）促进产学研一体化发展

企业参与“智造工匠”人才培养有助于推动产学研一体化发展。企业与高职院校、科研机构共同开展项目研发、技术创新和成果转化，实现资源共享和优势互补，提高人才培养效果。企业可以与高职院校共建研究中心、联合实验室等，推动技术创新和成果转化，为产业发展提供强大的技术支持。

（四）为地方经济发展提供人才支持

“智造工匠”人才是地方经济发展的重要支柱。企业参与“智造工匠”人才培养，为地方经济发展提供有力的人才支持。企业可以参与地方产业政策制定和产业布局规划，培养出适应地区产业发展需求的“智造工匠”人才，促进产业结构优化和产业升级。同时，企业与地方政府、高职院校和科研机构共同合作，共享资源，提高培训质量和效果，为地区创新发展提供智力支持。

（五）建立长效人才培养机制

企业参与“智造工匠”人才培养，有利于建立长效的人才培养机制。企业与高职院校共同完善人才培养体系、课程设置和实践基地，形成稳定的产学研合作关系，为企业的可持续发展提供人才保障。此外，企业还可以为毕业生提供职业发展规划和培训支持，促进员工的职业成长，提高企业的核心竞争力。

（六）提升企业品牌影响力

企业参与“智造工匠”人才培养，有助于提升企业的品牌影响力。通过与高职院校、科研机构的合作，企业展示其技术实力和社会责任，增强企业形象，吸引更多优秀人才加入。同时，培养出的“智造工匠”人才在社会和行业中取得的成就，也将提升企业的知名度和口碑。

三、“智造工匠”人才培养中企业作用的有效发挥

在“智造工匠”人才培养中，企业发挥着重要的支撑作用，通过与高职院校紧密合作共建课程体系，提供实践平台和参与师资队伍建设。共建评价体系确保人才满足行业需求，优先录用优秀实习生降低招聘成本，通过技能竞赛发现优秀人才。企业与学校合作培养具备实际操作能力、创新精神和创业能力的“智造工匠”人才，助力产业发展和经济增长。“智造工匠”人才培养中企业作用的有效发挥，需要通过以下途径来实现。

（一）企业参与课程体系建设

“智造工匠”人才培养中，企业参与课程体系建设，可以提供需求分析，帮助学校调整课程设置和培养目标，提高课程的实用性。此外，通过派遣企业专家授课的方式，与学校共同合作培养适应企业和行业需求的高素质“智造工匠”人才。

1. 提供产业需求分析

企业作为产业的一线实践者，对于行业动态和人才需求有着敏锐的洞察力。企业可以根据自身发展战略和市场需求，分析人才需求情况，为学校提供人才需求和产业需求分析，帮助学校更准确地把握行业发展趋势，调整课程设置和人才培养目标。企业和学校共同研究制订人才培养方案，确保培养出的人才能够满足企业的产业需求和社会发展的实际需要。

2. 参与课程设计

企业可以参与学校的课程设计，将企业实际需求和行业发展趋势纳入课程体系，确保培养的工匠人才能够满足企业和行业的需求。企业还可以为学校提供技术支持和实践案例，丰富课程内容，提高课程的实用性和针对性。

3. 派遣企业专家授课

企业可以派遣具有丰富实践经验和专业知识的专家到学校进行授课，使学生更好地理解企业文化、工作流程和实际操作技能。此外，企业专家还可以为学生提供实际问题解决方案，提高学生的动手能力和创新思维。

（二）企业提供实践平台

“智造工匠”人才培养中，企业能够通过建立实践基地、提供实习机会、组织技能竞赛等形式提供实践平台。

1. 建立实践基地

企业可以为学校提供实践基地，让学生在真实的生产环境中进行实践操作。这样，学生不仅能够将所学知识应用于实际生产，还能更好地理解企业文化和工作流程。同时，企业还可以通过与学生的互动，了解到人才培养的最新动态和需求。

2. 提供实习机会

企业可以为学生提供实习机会，让学生获得实际工作经验。实习期间，企业可以对学生进行培训和指导，帮助他们快速适应企业文化和工作环境。此外，企业还可以优先录用表现优秀的实习生，实现人才企业的无缝对接。

3. 组织技能竞赛

企业可以与学校合作，组织各类技能竞赛，激发学生的学习兴趣和动手能力。通过竞赛，学生可以检验自己的专业水平，增强实际操作能力。同时，企业还可以发现和选拔优秀的工匠人才，为企业的人才储备做准备。

（三）企业参与师资队伍建设

企业在“智造工匠”人才培养中参与师资队伍建设，包括安排企业专家兼职教学，传授实践经验和专业知识，以提高学生实际操作能力和创新意识。同时，企业为教师提供实习和培训机会，帮助教师了解行业动态和技术发展，提升教学水平。这样的合作有助于培养具备实际操作能力和创新精神的“智造工匠”人才。

1. 企业专家兼职教学

企业可以安排有经验的技术专家和管理人员到学校兼职教学，传授企业实践经验和专业知识。这样既可以增强学生的实际操作能力，又可以培养他们具备企业家精神和创新意识。

2. 教师实习与培训

企业可以为学校教师提供实习和培训机会，使教师了解最新的行业动态和技术发展，提高教师的实践经验和教学水平。这对于培养具有实际操作能力和创新精神的“智造工匠”人才具有重要意义。

（四）企业参与评价体系建设

企业参与“智造工匠”人才培养评价体系建设，包括参与学生考核，确保培养出的人才满足企业和行业需求。企业还可向学校提供对毕业生的反馈意见，帮助学校及时调整课程设置和培养模式，以提高人才培养质量。这种合作有助于培养出具备实际操作能力、专业素养和创新精神的“智造工匠”人才。

1. 参与学生考核

企业可以参与学生的考核评价，包括理论考试、实操考核和综合评价等。企业参与学生的考核评价有助于确保培养出的工匠人才满足企业和行业的需求，提高人才的实际操作能力。

2. 提供反馈意见

企业可以向学校提供对毕业生的反馈意见，包括毕业生的专业素养、实际操作能力、创新精神等方面的评价。学校可以根据企业的反馈，及时调整课程设置和培养模式，以提高人才培养质量。

（五）企业与学校共同开展科研与创新项目

1. 产学研合作

企业可以与学校共同开展科研项目、技术攻关等活动，推动产学研一体化发展。这有助于提高产业技术水平，促进制造业的转型升级。

2. 支持学生创新创业

企业可以支持学生的创新创业项目，提供资金、技术和市场支持。这有助于培养具有创新精神和创业能力的工匠人才，推动产业发展和经济增长。

参考文献

[1] 张华，朱光耀 . 校园 + 产园：智造工匠产教融合培养研究与实践 [M]. 北京：北京理工大学出版社，2021.

[2] 李玉民，杨翠明 . 智造创客型工匠培养生态构建研究 [M]. 北京：北京理工大学出版社，2021.

[3] 兰海 . 工匠战略：成就工匠精神的思路与手段 [M]. 北京：中国海关出版社，2018.

[4] 张小强 . 匠心智造：工匠精神与强国制造落地手册 [M]. 广州：广东人民出版社，2018.

[5] 刘春光，唐小艳 ."湖南智造"背景下高职"双元双创"人才培养模式研究与实践 [M]. 成都：西南财经大学出版社，2019.

[6] 李耀平，郭涛 . 面向智能制造的人才培养策略 [M]. 西安：西安电子科技大学出版社，2019.

[7] 李晓星，钟正根 . 智能制造专业群人才培养探索与实践 [M]. 武汉：华中科学技术大学出版社，2021.

[8] 王雪亘 . 工匠精神培育与高技能人才成长 [M]. 杭州：浙江科学技术出版社，2018.

[9] 李淑玲 . 工匠精神：敬业兴企，匠心筑梦 [M]. 北京：企业管理出版社，2017.

[10] 李玉民，杨翠明 . 智造创客型工匠培养生态构建研究 [M]. 北京：北京理工大学出版社，2021.

[11] 惠记庄，王帅，丁凯，等 . 智能制造人才培养创新模式 [J]. 高教学刊，2022（16）：174–178.

[12] 范哲 . 智能制造人才培养的研究与探索 [J]. 女人坊，2021（22）：196–197.

[13] 张伟，王洪新，丁林 . 智能制造背景下工匠人才的培养 [J]. 文渊 (高中版)，2021（ 1 ）：178.
[14] 程美，欧阳波仪 . 智能制造技术技能人才培养的思考 [J]. 苏州市职业大学学报，2021，32（ 3 ）：83–86.
[15] 郭敏智 . 智能制造背景下高职人才培养模式的分析 [J]. 辽宁高职学报，2023，25（ 1 ）：9–13.
[16] 熊勇 . 构筑智能制造人才培养新生态 [J]. 内江科技，2020，41（ 4 ）：135.
[17] 韩婕 . 破解智能制造人才匮乏的难题 [J]. 中国人才，2020（ 12 ）：25–27.
[18] 封静敏，李晓红 . 职业本科智能制造工程专业人才培养的研究与探索 [J]. 教师，2022（ 34 ）：93–95.
[19] 蒙大斌，张丹娜 . 智能制造本科职业教育的人才培养研究 [J]. 科技视界，2022（ 30 ）：154–156.
[20] 金鸿，吕盛坪 . 面向智能制造的机械工程专业人才培养模式探索 [J]. 教育教学论坛，2022（ 44 ）：176–179.
[21] 何丹康，付济林，李和明 . 智能制造专业人才培养模式效果评价体系构建 [J]. 大众投资指南，2022（ 11 ）：188–190.
[22] 宁湘，朱胜昔，康一格 . 如何优化技工院校智能制造类人才培养模式——以娄底技师学院为例 [J]. 职业，2022（ 5 ）：44–47.
[23] 李鹏祥，杨贺绪，巩云鹏 . 智能制造现代产业学院人才培养模式探索与实践 [J]. 时代汽车，2022（ 17 ）：94–96.
[24] 尹霞，张冠勇，凌旭，等 . 智能制造专业群人才培养模式研究与实践 [J]. 南方农机，2022，53（ 19 ）：176–179.
[25] 高黎，邓彤 . 智能制造时代高职人才培养需求变化及应对策略 [J]. 陕西开放大学学报，2022，24（ 4 ）：52–58.
[26] 陈佶 . 智能制造专业群人才培养质量诊改研究 [J]. 船舶职业教育，2022，10（ 2 ）：62–63.
[27] 郭新兰 . 智能制造工程技术人才培养途径研究 [J]. 机器人产业，2022（ 6 ）：21–26.

[28] 贾伟杰 . 应用型高校智能制造工程人才培养的探索 [J]. 荆楚理工学院学报，2022，37（3）：80–84.

[29] 吴晓涵 .“智能制造”对制造业就业的影响 [J]. 合作经济与科技，2023（7）：106–108.

[30] 马云天，陈雪 . 课程思政视角下智能制造人才培养模式研究 [J]. 广西教育学院学报，2022（6）：127–130.

[31] 刘兴 . 智能制造与人才战略 [J]. 现代塑料，2017（1）：1.

[32] 章松松 . 智能制造高技能人才培养研究 [J]. 装备制造技术，2022（5）：224–227.

[33] 王敏 . 智能制造与工业互联网人才渐成新宠 [J]. 中国设备工程，2020（6）：6.

[34] 崔慧明，陈林 .“中国制造 2025”战略之“智能制造”[J]. 科技经济市场，2022（4）：7–9.

[35] 李子峰 . 智能制造技术专业群建设研究 [J]. 大众标准化，2022（6）：48–50.

[36] 杨定成，王汀芷，余霄骏 . 智能制造与互联网校企合作的教学实践 [J]. 电子技术，2022，51（10）：162–163.

[37] 邢娜，刘彤军，孙晶 . 智能制造协同创新平台的构建 [J]. 自动化技术与应用，2022，41（6）：184–186.

[38] 任斌 . 论智能制造技术人才培养的实验教学体系研究 [J]. 中国多媒体与网络教学学报（上旬刊），2021（4）：196–198.

[39] 郑兆权 . 智能制造专业人才培养模式研究 [J]. 科教导刊（电子版），2019（27）：7.

[40] 张丽华 . 智能制造“订单班”人才培养研究 [J]. 船舶职业教育，2019，7（4）：20–21，24.

[41] 高琳，郑伟，张永飞 . 智能制造专业群人才培养体系探讨 [J]. 山西青年，2021（5）：14–15.

[42] 张更庆，刘先义 . 智能制造趋势下职业教育人才培养的困境与突破 [J]. 成

人教育，2021，41（4）：61–69.
[43] 宁湘 . 技工院校智能制造类人才培养模式实践研究 [J]. 现代职业教育，2021（44）：28–29.
[44] 廖剑斌 . 高职院校智能制造专业人才培养探索 [J]. 广西教育，2021（3）：115–117.
[45] 刘艳敏，刘雅俊 . 基于多方联动的智能制造复合人才培养分析 [J]. 电子技术，2021，50（10）：164–165.
[46] 廖斌，李明枫，邓仕超，等 . 基于虚实结合的智能制造人才培养模式探索 [J]. 教育信息化论坛，2021（8）：80–81.
[47] 侯远欣 . 智能制造技术人才培养对策研究 [J]. 南方农机，2019，50（20）：102.
[48] 邱国良 . 智能制造人才培养路径探索 [J]. 企业家信息，2019（8）：77–78.
[49] 黄静 . 智能制造人才链的校企“双元”育人体系构建 [J]. 现代职业教育，2021（22）：210–211.
[50] 冉琰，张定飞，李聪波，等 . 面向智能制造的机械工程人才培养模式探究 [J] . 高等建筑教育，2021，30（3）：37–44.
[51] 闫哲 . 构建智能制造人才培养模式的改革探究 [J]. 科技风，2021（18）：167–168.
[52] 祝成林，李慧婷 . 面向智能制造的本科职业教育人才培养模式创新 [J]. 职教论坛，2021，37（8）：21–26.
[53] 倪堃 . 智能制造技术人才培养的实验教学体系构建 [J]. 世纪之星（交流版），2021（18）：38–39.
[54] 黄丽，王婷 .“互联网 +”背景下智能制造校企合作人才培养探究 [J]. 中国新通信，2021，23（21）：117–119.
[55] 王军红，崔宝才 . 智能制造背景下技术技能人才培养对策初探 [J]. 天津教育，2021（1）：32–33.
[56] 刘超 . 技工院校智能制造人才培养的探索与研究 [J]. 消费导刊，2021（16）：22.

[57] 刁爱华，习波 . 多元协同培养高职智能制造服务人才的探索 [J]. 管理观察，2020（20）：121–122.

[58] 苏伟 . 高职院校智能制造复合型人才培养模式研究 [J]. 教育现代化，2020（54）：11–15.

[59] 李轩 . 智能制造技术人才培养的实验教学体系分析 [J]. 教育教学论坛，2020（34）：241–242.

[60] 尚润玲 . 智能制造背景下高职纺织人才培养现状及对策 [J]. 纺织报告，2020（1）：101–103.

[61] 苏伟 . 高职智能制造技术人才培养的课程体系研究 [J]. 教育现代化，2020（57）：13–16.

[62] 廖剑斌 . 高职院校智能制造复合型人才培养模式研究 [J]. 年轻人，2020（15）：43.

[63] 施红 ."智能制造 + 材料"复合型人才培养的教学改革研究 [J]. 科教导刊，2020（2）：69–70.

[64] 高倩，石文科，孟凡文 . 智能制造技术人才培养的实验教学体系研究 [J]. 职业，2020（20）：43–44.

[65] 雷菊华 . 基于智能制造专业群人才培养模式的探究 [J]. 知识窗 (教师版)，2020（8）：105.

[66] 郭便 . 面向智能制造的新型工科人才培养模式研究 [J]. 集成电路应用，2020，37（9）：30–31.

[67] 雷菊华 . 基于智能制造专业群人才培养模式的探究 [J]. 知识窗，2020（16）：105.

[68] 熊学慧，贺艳苓 . 智能制造背景下人才培养标准探析 [J]. 长江丛刊，2020（18）：86，88.

[69] 党霞 . 高职院校智能制造专业新型人才培养模式分析 [J]. 南方农机，2020，51（4）：78，82.

[70] 邢玲玲，王馨，赵雅雯 . 智能制造企业创新型人才评价体系的构建 [J]. 沈阳师范大学学报 (自然科学版)，2020，38（1）：44–50.

[71] 单侠芹 . 基于智能制造背景的高职院校人才培养策略研究 [J]. 工业技术与职业教育，2020，18（1）：46–49.

[72] 朱良，刘德华，蒲筠果 . 智能制造背景下人才培养路径浅谈 [J]. 汽车博览，2020（36）：394.

[73] 孙凌杰 . 智能制造复合型人才培养模式探讨 [J]. 科教导刊（电子版），2020（12）：1–2.

[74] 吕俊燕，郑明辉，杨瑞青 .“互联网 +”教育新形态下智能制造人才培养的探索 [J]. 装备制造技术，2020（10）：245-246，257.

[75] 刘标，吴勇，陈海彬 . 高校智能制造人才培养模式研究 [J]. 电大理工，2020（3）：28–30，34.

[76] 王智萍，阳小勇 . 智能制造复合型技术技能人才培养路径探索 [J]. 机械职业教育，2022（3）：28–31，49.

[77] 柳亚输，李卫民，秦步祥，等 . 智能制造领域德技双修人才培养模式研究 [J]. 新教育时代电子杂志（教师版），2022（17）：168–170.